Ludwig Schultz
Hermann-Friedrich Wagner (Hrsg.)

Die Welt hinter den Dingen

WILEY-VCH

WILEY-VCH GmbH & Co. KGaA

Impressum

Herausgeber:
Prof. Dr. Ludwig Schultz (IFW Dresden)
für die Deutsche Physikalische Gesellschaft e.V.
Dr. Hermann-Friedrich Wagner
für das Bundesministerium für Bildung und Forschung

Autoren:
Dr. Thomas Bührke (Zeit, Licht, Zufall)
Alexander Pawlak (Physik und Leben)
Dr. Mathias Schulenburg (Die Welt hinter den Dingen, Spiel der Kräfte)
Roland Wengenmayr (Tanz der Elemente)

Konzept: Manfred Schmidt
Redaktion: Rüdiger Buchholz, Dr. Marcus Neitzert, Wolfgang Richter, Manfred Schmidt
Gestaltung: Claudia Oly, Christian Weber, Gunther Schulz (Physik und Leben),
Markus Dold (Motiv „Spiel der Kräfte")
iserundschmidt, Kreativagentur für PublicRelations, Bad Honnef - Berlin

Wir danken allen Rechteinhabern für die freundliche Genehmigung zum Abdruck. Wenn es uns in manchen Fällen trotz sorgfältiger Recherchen nicht gelungen ist, die heutigen Rechteinhaber zu ermitteln, bitten wir, sich mit dem WILEY-VCH Verlag in Verbindung zu setzen.

1st edition, 2005

Die Deutsche Bibliothek - CIP Einheitsaufnahme
Ein Titeldatensatz für diese Publikation ist bei der Deutschen Bibliothek erhältlich.

ISBN 3-527-40624-7

Satz: iserundschmidt, Bad Honnef - Berlin
Druck und Bindung: Druckhaus Darmstadt, Darmstadt
Printed in the Federal Republic of Germany

Bundesministerium
für Bildung
und Forschung

Deutsche Physikalische Gesellschaft DPG

Wie sieht die Welt hinter den Dingen aus? Dieser Frage ist die Physik seit Jahrhunderten auf der Spur. Sie wurde dadurch nicht nur zu einer der grundlegenden Wissenschaften unserer Kultur, sondern erwarb sich auch eine Schlüsselfunktion für die Weiterentwicklung der Technik und spielt damit eine wichtige Rolle für die Zukunft unserer Gesellschaft. Die Physikerinnen und Physiker in der Deutschen Physikalischen Gesellschaft (DPG) haben zusammen mit dem Bundesministerium für Bildung und Forschung (BMBF) das Jahr 2000 zum Jahr der Physik erklärt. Fachwelt und Öffentlichkeit wurden von dieser Initiative damals völlig überrascht. Dementsprechend skeptisch fielen die ersten Reaktionen aus.

Die Eröffnung des Physikjahres am 18.01.2000 in Berlin und alle Aktionen, die damit verbunden waren, wurden jedoch derart überzeugend gestaltet, dass sich die anfängliche Zurückhaltung in positive Resonanz und am Ende des Jahres in große Anerkennung umwandelte. Das enorme Engagement und die immer sichtbare Begeisterung der Physikerinnen und Physiker für ihre Wissenschaft, ob jung oder alt, unabhängig von Position oder akademischem Grad wurde damit belohnt, dass in Deutschland mehr als hunderttausend Menschen die vielen Veranstaltungen des Physikjahres besucht haben. Diese Reaktion war in dem Ausmaß nicht vorhergesehen worden und hatte dementsprechend positive Konsequenzen: Inzwischen sind die Jahre der Wissenschaft in Deutschland auch für andere Disziplinen zu einer festen Einrichtung geworden, und auch das Weltjahr der Physik 2005, das von der UNESCO ausgerufen wurde, ist dadurch initiiert worden.

Beflügelt durch diesen Erfolg haben BMBF und DPG beschlossen, ihre Partnerschaft auch über das Jahr 2000 hinaus durch eine neue Art von Veranstaltungen fortzusetzen: Den jährlich an wechselnden Orten in Deutschland für eine Woche stattfindenden „Highlights der Physik". Nach nun fünf Veranstaltungen von 2001 bis 2005 kann wiederum eine rundum positive Bilanz gezogen werden. Dies ist in erster Linie ein Verdienst der vielen Helferinnen und Helfer sowie der Veranstalter vor Ort, die durch ihren unermüdlichen Einsatz dafür gesorgt haben, dass die Highlights der Physik lebendig und attraktiv gestaltet wurden, so dass wieder ein breites Publikum von der Faszination der Physik begeistert werden konnte.Wie im Physikjahr wurden auch zu den Highlights der Physik von namhaften Autoren sogenannte Themenhefte erarbeitet, die in allgemein verständlicher Sprache die physikalischen Hintergründe der Schwerpunkte der jeweiligen Veranstaltungen beleuchten. Es handelt sich um „Physik und Leben" (München 2001), „Die Welt hinter den Dingen" (Duisburg 2002), „Tanz der Elemente" (Dresden 2003), „Spiel der Kräfte" (Stuttgart 2004) und „Zeit, Licht, Zufall" (Berlin 2005). Den Organisatoren dieser Veranstaltungen, Peter Fromherz und Wolfgang M. Heckl in München, Eberhard Wassermann in Duisburg und Berlin, Helmut Eschrig in Dresden und Tilman Pfau in Stuttgart, sei an dieser Stelle für die grandiose Inszenierung dieser Shows herzlich gedankt.

Die Themenhefte sind bei den Besuchern immer auf sehr hohes Interesse und große positive Resonanz gestoßen. Sie sollen deshalb mit diesem Buch auch einem größeren Publikum zugänglich gemacht werden. Die Herausgeber hoffen, den Leserinnen und Lesern damit einen kleinen Eindruck von der Motivation vermitteln zu können, mit der die Physikerinnen und Physiker nach den Geheimnissen forschen, die hinter den Dingen liegen.

Allen Autoren und denjenigen, die Abbildungen und Dokumente bereitgestellt haben, sowie dem Verlag WILEY-VCH und der Agentur iserundschmidt gebührt unser Dank.

Ludwig Schultz
für die Deutsche Physikalische Gesellschaft e. V.

Hermann-Friedrich Wagner
für das Bundesministerium für Bildung und Forschung

INHALT

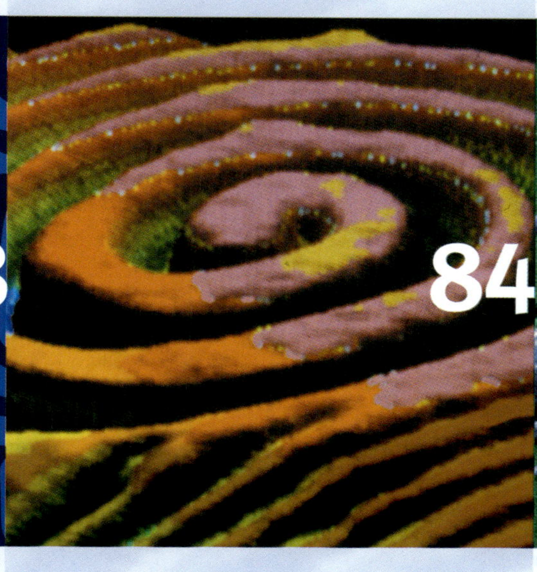

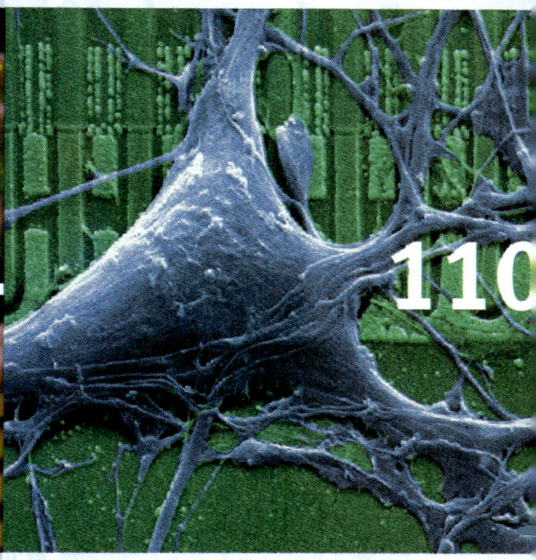

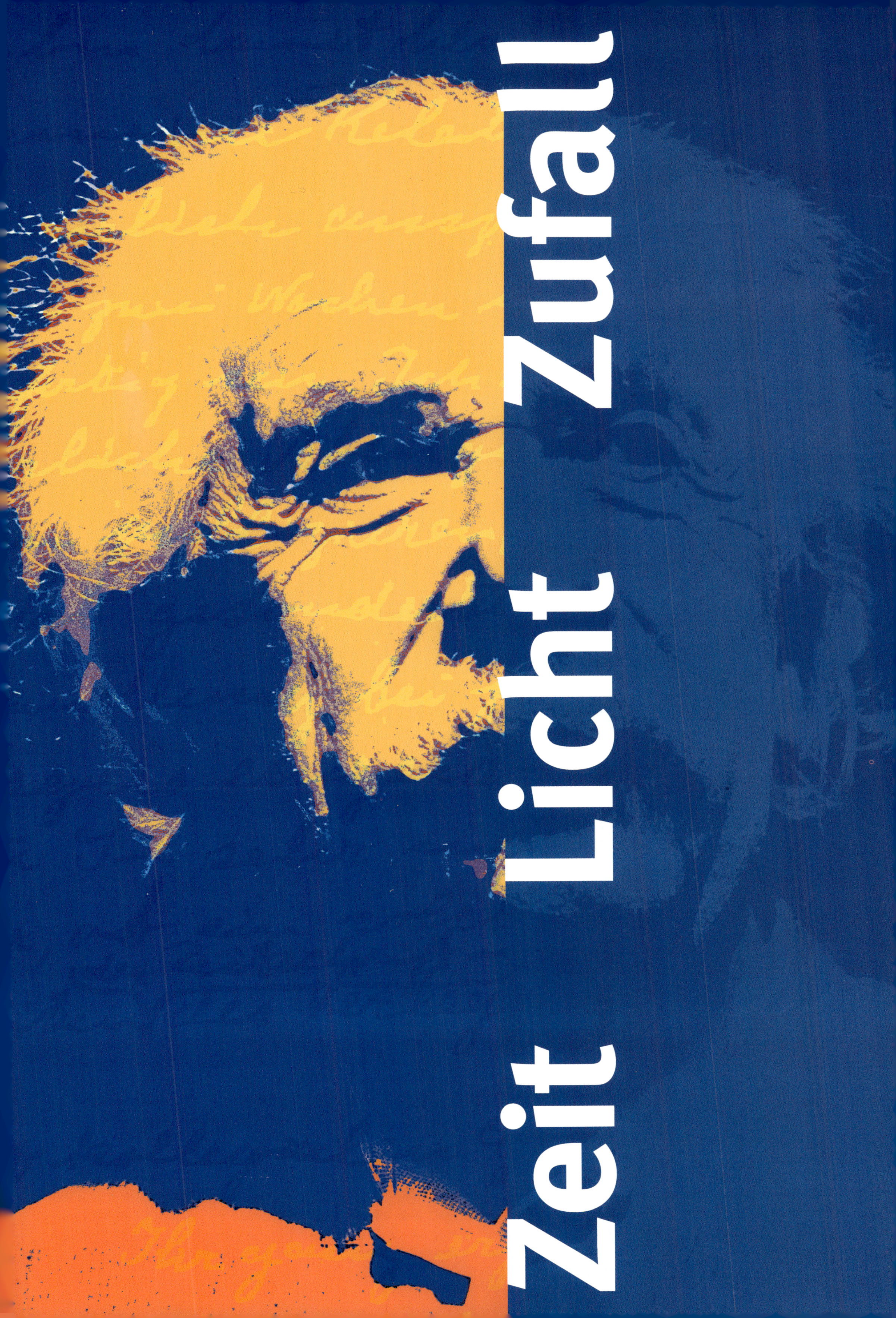
Zeit Licht Zufall

Das Wunderjahr 1905

„Ich habe keine besondere Begabung, sondern bin nur leidenschaftlich neugierig."

Albert Einstein in einem Brief an Carl Seelig, 11. März 1952

Was passiert, wenn man einem Lichtstrahl hinterherläuft – kann man ihn womöglich einholen? Als Einstein 16 Jahre alt war, grübelte er über diese nicht ganz alltägliche Frage. Das Gedankenexperiment barg für ihn bereits den Kern der Speziellen Relativitätstheorie. Es dauerte aber noch zehn Jahre, bis er sie unter dem Titel „Zur Elektrodynamik bewegter Körper" im September 1905 veröffentlichte. Doch dann revolutionierte er damit nicht nur die gesamte Physik, sondern stellte das existierende Weltbild quasi auf den Kopf.

Viele Wissenschaftler meinten damals, die Natur und ihre Gesetze gut verstanden zu haben. Als Max Planck 1878 seinem Physikprofessor Philipp von Jolly seinen Entschluss mitteilte, theoretische Physik zu studieren, riet dieser ihm: „Theoretische Physik, das ist ja ein ganz schönes Fach. Aber grundsätzlich Neues werden Sie darin kaum mehr leisten können ... Man kann wohl hier und da in dem einen oder anderen Winkel ein Stäubchen noch auskehren, aber was prinzipiell Neues, das werden Sie nicht finden."

Von Jolly war ein ehrenwerter Physiker, doch mit dieser Prognose irrte er gründlich. Es war Max Planck selbst, der 1900 das Tor zu einer neuen Physik, zur Quantenwelt, einen Spalt weit öffnete. Fünf Jahre später schlug es der 26-jährige Angestellte am Berner Patentamt und „Hobby-Physiker" Albert Einstein dann ganz weit auf.

In einem Geniestreich veröffentlichte er im Jahr 1905 gleich fünf bahnbrechende Arbeiten. Mit der Arbeit „Über einen die Erzeugung und Verwandlung des Lichts betreffenden heuristischen Gesichtspunkt" legte er das Fundament für die Quantentheorie. Für dieses Werk ehrte man ihn 1922 (für das Jahr 1921) mit dem Nobelpreis für Physik. In zwei Arbeiten beschrieb er die atomistischen Vorgänge bei der Diffusion und erklärte die Brown'sche Bewegung. Dies brachte ihm den lang ersehnten Doktortitel. Mit den zwei Arbeiten zur Speziellen Relativitätstheorie revolutionierte er alle existierenden Vorstellungen von Raum und Zeit und verknüpfte Materie und Energie in der berühmtesten Formel aller Zeiten: $E=mc^2$.

⇢ Einstein mit seiner zwei Jahre jüngeren Schwester Maria genannt Maja im Jahre 1894 (Bild: Picture-Alliance/dpa)

⇠ (Bild: photocase.de)

⇣ Einstein und der Quantentheoretiker Wolfgang Pauli im Jahre 1926 (Bild: CERN 1926)

⇣ Einsteins Pass aus seiner Zeit als Schweizer Staatsbürger. (Bild: Historisches Museum, Bern)

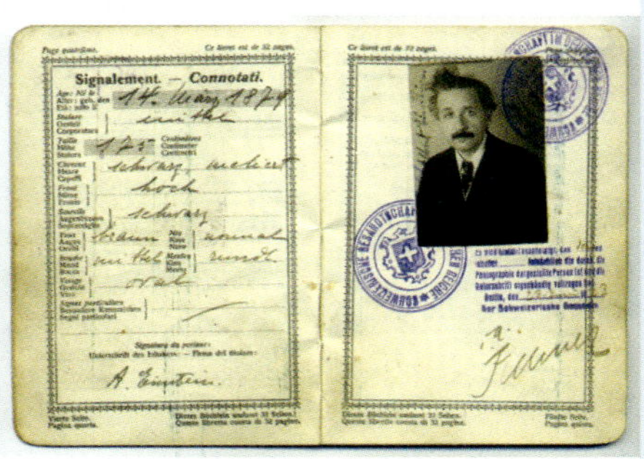

INFO

ZEITTAFEL

14. März 1879 Albert Einstein kommt in Ulm als erstes Kind von Hermann und Pauline Einstein zur Welt.

Juni 1880 Umzug nach München.

18. November 1881 Geburt von Maria (Maja) Einstein.

1885 Besuch der katholischen Volksschule und erster Violinunterricht.

1888 Aufnahme in das Luitpold-Gymnasium.

Dezember 1894 Einstein verlässt eigenmächtig die Schule und reist zu seinen Eltern nach Oberitalien.

Oktober 1895 Albert fällt bei der Aufnahmeprüfung zum Polytechnikum in Zürich durch, obwohl er in Mathematik und Physik sehr gute Leistungen vorweist. Anschließend geht er an die Kantonsschule Aarau.

Oktober 1896 Matura und Aufnahme eines Studiums am Polytechnikum Zürich.

Juli 1900 Diplom als Fachlehrer.

Februar 1901 Schweizer Staatsbürgerschaft, Mai: Aushilfslehrer am Technikum Winterthur, September: Privatlehrer in Schaffhausen, November: Erfolgloses Einreichen einer Dissertation an der Universität Zürich.

Juni 1902 Antritt seiner Stelle beim Berner Patentamt.

Januar 1903 Hochzeit mit Mileva Maric.

Mai 1904 Geburt des Sohnes Hans Albert.

1905 Annus mirabilis: Innerhalb weniger Monate veröffentlicht Einstein fünf bahnbrechende Arbeiten.

Januar 1906 Erlangung der Doktorwürde an der Universität Zürich.

Damit wurde er unsterblich. Nie zuvor oder danach hat es in einem Jahr ein solches Feuerwerk physikalischer Ideen gegeben, weshalb wir heute von Einsteins annus mirabilis sprechen: dem Wunderjahr.

Doch wie war Einstein überhaupt zu seinen bahnbrechenden Erkenntnissen gekommen? Waren sie ihm aus dem Nichts zugeflogen oder lagen sie ohnehin in der Luft, wie manche heute meinen?

Einsteins Errungenschaften bauten auf den damaligen Erkenntnissen auf. Doch er erkannte Risse im logischen Denkgebäude der Physik. Anders als viele seiner Kollegen versuchte er jedoch nicht, diese Risse zu kitten, sondern errichtete auf seine radikale Art und Weise ein neues Gebäude. Ungezügelte Neugier und Hartnäckigkeit waren dabei unerlässliche Triebfedern. „Der normale Erwachsene denkt über Raum-Zeit-Probleme kaum nach. Das hat er nach seiner Meinung bereits als Kind getan. Ich hingegen habe mich geistig derart langsam entwickelt, daß ich erst als Erwachsener anfing, mich über Raum und Zeit zu wundern“, hat er später selbst einmal gesagt.

Er hinterfragte viele solcher scheinbar einfachen Phänomene: So nahm das Licht eine zentrale Stellung in Einsteins Überlegungen ein. Was passiert genau, wenn man eine ruhende Lampe einschaltet? Die ausgehende Lichtwelle breitet sich in alle Richtungen des Raumes gleichmäßig mit einer Geschwindigkeit von 300 000 Kilometern pro Sekunde aus. Ein Beobachter, der sich auf die Lampe zu (oder weg von ihr) bewegt, müsste also im Vergleich zu einem ruhenden Beobachter das Licht früher (oder eben später) sehen, weil sich seine Geschwindigkeit und die des Lichts addieren (subtrahieren). Das war damals die einhellige Meinung. Doch Einstein kam zu anderen Ergebnissen: „Wenn ich einem Lichtstrahl nacheile mit Geschwindigkeit c (Lichtgeschwindigkeit im Vakuum), so sollte ich einen solchen Lichtstrahl als ruhendes, räumlich oszillierendes elektromagnetisches Feld wahrnehmen. So etwas kann es aber nicht geben.“

INFO

DAS ZWILLINGS-PARADOXON

Eines der berühmtesten Gedankenexperimente im Zusammenhang mit Einsteins Relativitätstheorie ist das Zwillingsparadoxon. Man stelle sich vor: Im Jahre 2100 begibt sich der Astronaut Neil Armstrong Jr. auf eine Reise zum 25 Lichtjahre entfernten Stern Wega, während sein Zwillingsbruder auf der Erde bleibt. Wir nehmen an, die Rakete würde nahezu ohne Zeitverlust auf 98 Prozent der Lichtgeschwindigkeit beschleunigen und mit dieser Geschwindigkeit die Reise fortsetzen. Bei der Wega angekommen, bremst Neil auf Null ab, dreht ohne Aufenthalt um, beschleunigt wieder und kehrt mit derselben Geschwindigkeit wie auf dem Hinweg zur Erde zurück. Dort stellt er fest, dass sein Bruder während seiner Abwesenheit um 50 Jahre gealtert ist – er selbst aber bloß um 10 Jahre. Das ist eine Folge der relativistischen Zeitdehnung.

Aber was ist hier paradox? Zu einer in sich widersprüchlichen Beschreibung wird dieses Gedankenexperiment durch den Grundsatz, dass nach der Speziellen Relativitätstheorie alle Inertialsysteme gleichberechtigt sind. Das heißt, die Behauptung des Bruders, er habe sich auf der Erde in Ruhe befunden und Neil hätte sich schnell bewegt, lässt sich ebenso umkehren in die Behauptung, Neil sei unbewegt geblieben und der Bruder habe sich mit der Erde von ihm entfernt. Bei ihrem Wiedersehen müsste aber nun Neil älter sein als sein Bruder. Wer hat Recht?

Die Lösung liegt in einem entscheidenden Unterschied zwischen den beiden Situationen: Während sich der Bruder die ganze Zeit über in einem Inertialsystem befand, war dies bei Neil nicht der Fall. Sein Raumschiff muss mindestens einmal stark abbremsen und wieder beschleunigen, und zwar bei der Umkehr an der Wega. Es bildet daher kein Intertialsystem, so dass auf dieses die Spezielle Relativitätstheorie nicht angewandt werden darf. Eine genaue Analyse in einem Raum-Zeit-Diagramm klärt schließlich das Paradoxon: Tatsächlich altert Neil langsamer als sein zurückbleibender Bruder. Das ist unvorstellbar, aber eindeutig.

↑ (Illustration: iserundschmidt, Timo Meyer)

→ Einstein bei einem Vortrag im Mount-Wilson-Observatorium in Pasadena, Kalifornien, am 14. Januar 1931 (Bild: Picture-Alliance/dpa)

Einstein folgerte zweierlei. Erstens: Die Lichtgeschwindigkeit ist konstant und beträgt im Vakuum immer 300 000 Kilometer pro Sekunde, ganz gleich, mit welcher Geschwindigkeit man sich relativ zum Licht bewegt. Das widerspricht der klassischen Physik, wonach Geschwindigkeiten sich addieren. Zweitens: Nichts ist schneller als das Licht.

Dieses Postulat ist Dreh- und Angelpunkt der Speziellen Relativitätstheorie. Den Gedanken logisch fortgesetzt, ergeben sich die skurrilsten Erkenntnisse, beispielsweise dass die Zeit in schnell bewegten Systemen langsamer vergeht als in ruhenden („Zwillingsparadoxon"), und dass räumliche Distanzen schrumpfen, wenn man sie von einem schnell bewegten System aus misst. Kurz: Die Welt würde uns schon merkwürdig und gänzlich anders erscheinen, wenn wir mit nahezu Lichtgeschwindigkeit fliegen könnten.

Fast nebenbei stieß Einstein bei seinen Überlegungen zur Speziellen Relativitätstheorie auf $E=mc^2$. Diese Gleichung besagt, dass Energie E und Masse m ineinander umwandelbar sind, wobei der riesengroße Umrechnungsfaktor das Quadrat der Lichtgeschwindigkeit ist. $E=mc^2$ ist Grundlage der Energieerzeugung in Kernkraftwerken und auch der hoffentlich in naher Zukunft technisch nutzbaren Kernfusion. Die Beziehung erklärt die gigantische Sprengkraft von Atom- und Wasserstoffbomben und sagt uns, wie unsere Sonne seit 4,6 Milliarden Jahren die Energie erzeugt, mit der sie unseren Planeten wärmt.

Eine weitere kühne Behauptung Einsteins war: Licht besteht aus speziellen Teilchen, den Energiequanten. Später nannte man sie Photonen. Mit diesem Gedanken war Einstein dem Welle-Teilchen-Dualismus auf der Spur, der jedoch erst in den 1920er-Jahren in der modernen Quan-

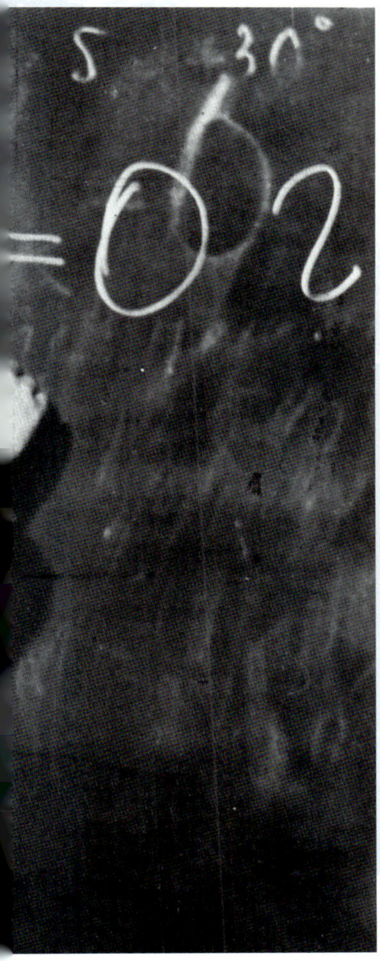

⇢ Ein „Kraftomnibus“ der Daimler-Motorgesellschaft, wie er ab 1905 in Berlin eingesetzt wurde. (Bild: BVG)

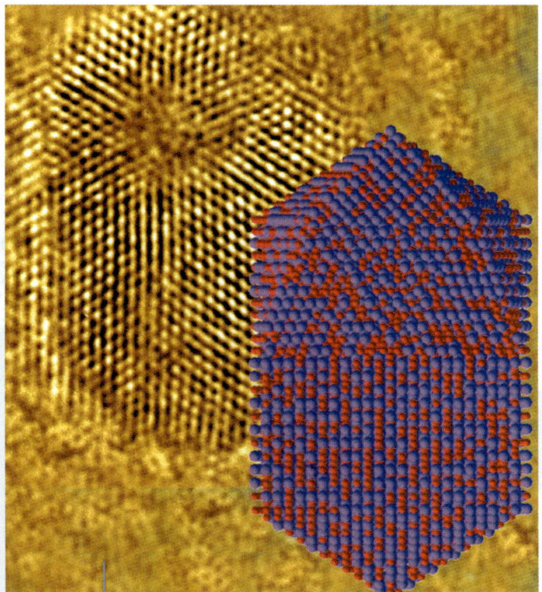

⇡ Heute kann man sogar einzelne Atome sichtbar machen: Das Bild zeigt facettierte Eisen-Platin-Nanopartikel, aufgenommen mit einem hochauflösenden Transmissions-Elektronenmikroskop. Der rechte Teil des Bildes ist eine simulierte Darstellung, rote und blaue Punkte stehen für Eisen- bzw. Platin-Atome. (Bild: Wassermann, Universität Duisburg-Essen)

WAS 1905 SONST NOCH GESCHAH...

INFO

Der Schweizer Chemiker und Geschäftsmann Jaques Edwin Brandenburger erfindet das Cellophan.

Das erste deutsche Unterseeboot läuft vom Stapel.

Guglielmo Marconi erfindet die Richtantenne.

Richard Willstätter entdeckt die Struktur von Chlorophyll.

George Washington Crile führt in den USA die erste Bluttransfusion durch.

Die deutsche Glasglühlicht-Gesellschaft bringt eine Glühlampe mit dem Namen Osramlampe auf den Markt.

In Berlin fahren die ersten öffentlichen Kraftomnibusse.

Der amerikanische Unternehmer Almon Brown Strowger erfindet das Telefon mit Wählscheibe.

tentheorie seine Erklärung fand. Danach kann ein Photon sowohl Welle als auch Teilchen sein. Wie es in Erscheinung tritt, hängt von der Art des Experiments ab. Und: Aufenthaltsort und Impuls eines Photons können nicht gleichzeitig angegeben werden – das sagt die von Heisenberg 1927 entdeckte Unschärferelation.

Obwohl Einstein selbst den Weg für diese neuartige Beschreibung des Mikrokosmos geebnet hatte, lehnte er später die Quantenmechanik als unvollständig ab. Der Grund war, dass der Zufall darin eine fundamentale Rolle spielte. Das jedoch passte nicht in Einsteins Weltbild. „Gott würfelt nicht“, war einer seiner berühmten Kommentare.

Einstein stellte auch grundsätzliche Fragen zum Aufbau der Materie. Um 1900 waren noch längst nicht alle Naturforscher von der Existenz von Atomen überzeugt. Einstein schlug sich auf die Seite der „Atomisten“ und entwickelte eine statistische Methode, mit der er die Bewegung von Atomen und Molekülen beschreiben konnte. Dieser Ansatz war bahnbrechend, denn er ermöglichte es, aus der Beobachtung der Brown'schen Bewegung kleiner Partikel in einer Flüssigkeit etwas über die Größe der Moleküle dieser Flüssigkeit zu erfahren, die damals unbeobachtbar klein waren. Heute können wir Atome und Moleküle mit Elektronen- oder Rastersondenmikroskopen einzeln sichtbar machen.

Einstein beschäftigte sich also stets mit den fundamentalen Fragen der Physik. Was sind Raum und Zeit? Was verbindet Materie und Energie? Welcher Natur – Welle oder Teilchen – ist das Licht? Seine überraschenden Antworten bereiteten das Fundament der modernen Physik und unseres heutigen Weltbildes. Sie ermöglichten aber auch bedeutende technische Entwicklungen, die heute zu unserem Alltag gehören. Hierzu zählen Laser, Solarzellen oder das Global Positioning System (GPS).

Auch heute, 100 Jahre nach Einsteins Entdeckungen im Wunderjahr 1905, ist aber die Anzahl der offenen Probleme zum Verständnis unserer Welt kaum geringer als damals. Im Gegenteil, aktuelle Fragen nach „dunkler Materie“ und „dunkler Energie“ oder die – bis jetzt ergebnislose – Suche nach Abweichungen von der Lorentz-Invarianz (Konstanz der Lichtgeschwindigkeit), wie ihn moderne Quantengravitationstheorien vorhersagen, lassen den Schluss zu: Auch nach Einstein ist noch weit mehr möglich, als nur „in dem einen oder anderen Winkel ein Stäubchen auszukehren.“

Der Licht-surfer

„Das Schönste, was wir erleben können, ist das Geheimnisvolle. Es ist das Grundgefühl, das an der Wiege von wahrer Kunst und Wissenschaft steht. Wer es nicht kennt und sich nicht mehr wundern, nicht mehr staunen kann, der ist sozusagen tot und seine Augen erloschen."

WIE ICH DIE WELT SEHE, EINSTEIN 1930

Ende des 19. Jahrhunderts beherrschten zwei große Theorien die Physik. Auf der einen Seite stand das Newtonsche Weltbild. Es besagt, dass alle physikalischen Gesetze in gleichförmig bewegten Systemen (Physiker sprechen von Inertialsystemen) gleich ablaufen. Ein Apfel fällt immer senkrecht nach unten, egal ob wir ihn auf der Erde stehend oder in einem dahinrasenden ICE fallen lassen.

Dieser Grundsatz widersprach aber der zweiten fundamentalen Theorie, die der schottische Physiker James Clerk Maxwell um 1855 entwickelt hatte, um elektrische Kräfte und elektromagnetische Wellen zu beschreiben. Auf das Licht, das auch eine elektromagnetische Welle ist, schien die Newtonsche Physik nicht zuzutreffen. Die Gleichungen, mit denen man seine Ausbreitung beschrieb, nahmen unterschiedliche Formen an, wenn man sich in unterschiedlich schnell, aber gleichförmig bewegte Inertialsysteme begab. Licht verhielt sich also nicht so, wie es die Physiker nach Maxwells Theorie erwarteten.

Das zeigte sich eindeutig in einem Experiment, das Albert Michelson erstmals 1881 in Potsdam und sechs Jahre später zusammen mit Edward Morley in Chicago nochmals ausführte. Mit einem so genannten Interferometer hatten sie sehr genau die Lichtgeschwindigkeit gemessen und entgegen allen Erwartungen des bewährten Gesetzes der Geschwindigkeitsaddition festgestellt: Die Lichtgeschwindigkeit ist offenbar immer gleich groß, egal, ob man sich in Ausbreitungsrichtung des Lichtstrahls oder entgegengesetzt dazu bewegt.

Es bedurfte des Genies Einstein, um das Experiment von Michelson und Morley richtig zu deuten. Er behauptete in seiner Arbeit von 1905: Das einfache Gesetz der Geschwindigkeitsaddition ist falsch. Zwei

Dass die Lichtgeschwindigkeit zwar gewaltig, aber nicht unendlich groß ist (wie einst für möglich gehalten), darauf stieß um 1675 erstmals der Däne Ole Rømer. Der Himmelsforscher stützte sich dabei auf Beobachtungen der Jupitermonde und gelangte zu einem Wert von 227.000 km/s. Das Foto (aus dem 20. Jahrhundert) zeigt die Trabanten Io und Europa vor der Silhouette des Jupiters. (Bild: NASA/JPL)

Nach Rømers astronomischer Messung verstrichen mehr als 150 Jahre, bis es gelang, die Lichtgeschwindigkeit auf einer irdischen Meßstrecke zu bestimmen. Meriten verdiente sich hierbei der Franzose Fizeau. Durch periodische Unterbrechung des Lichtwegs mit einem sich in hoher Frequenz drehenden Zahnrad kam er 1849 auf eine Geschwindigkeit von 313.350 km/s und lag damit nur fünf Prozent über dem heutigen Richtwert von 299.792,458 km/s. Das nebenstehende Bild zeigt einen Nachbau. (Bild: Arbeitsgruppe Didaktik und Geschichte der Physik, Carl von Ossietzky-Universität Oldenburg)

Das Licht hält den kosmischen Geschwindigkeitsrekord: knapp 300.000 km pro Sekunde – nichts ist schneller. Die Strecke zum Mond ließe sich bei diesem Tempo in rund einer Sekunde zurücklegen. Ein ICE wäre dafür länger als einen Monat unterwegs. (Bild: photocase.de)

mit je der halben Lichtgeschwindigkeit c/2 aufeinander zurasende Raumschiffe treffen nicht mit 2 mal c/2 also mit der Lichtgeschwindigkeit c aufeinander. Nach seiner Speziellen Relativitätstheorie berechnen sich die Relativgeschwindigkeiten bewegter Körper nach einer neuen Formel. Nach dieser Formel werden die Abweichungen von Galileis und Newtons Physik mit zunehmender Geschwindigkeit immer größer, und die Raumschiffe treffen mit 4/5c aufeinander. Bei Erreichen der Lichtgeschwindigkeit tritt eine seltsame Konsequenz ein: Egal wie schnell das zweite Raumschiff ist, sie treffen sich nur mit einer maximalen Relativgeschwindigkeit c. Oder auch, wie schon gesagt: Nichts bewegt sich schneller als das Licht. Seine Geschwindigkeit ist konstant und beträgt (im Vakuum) immer 300.000 Kilometer pro Sekunde. Mit Überlichtgeschwindigkeit kann sich also nichts und niemand bewegen. Hyperantriebe, mit denen Spock und Konsorten schneller als der Blitz die Galaxis durcheilen, sind somit reine Science Fiction.

Einsteins Erkenntnis über die Konstanz der Lichtgeschwindigkeit hatte eine damals und auch heute noch mehr als erstaunliche Konsequenz: beschleunigte Körper müssen eine Massenzunahme erfahren. Nach Newton wird ein Körper bei konstanter Beschleunigung immer schneller. Nehmen wir ein Raumschiff, das mit der Erdbeschleunigung von etwa 10 m/s^2 ins All fliegt: Es wird in jeder Sekunde um 10 m/s schneller. Ein solches Raumschiff würde gemäß Newton nach etwa einem Jahr die Lichtgeschwindigkeit erreichen und sie dann überschreiten. Das aber ist nach Einstein nicht möglich. Seine Erklärung für diese „Bremse“: Die träge Masse wird mit zunehmender Geschwindigkeit immer größer. Bei Erreichen der Lichtgeschwindigkeit würde sie unendlich groß.

Diese relativistische Massenzunahme macht sich zum Beispiel im Fernseher bemerkbar. In seinen Kathodenstrahlröhren werden Elektronen in einem Spannungsfeld von 20.000 Volt bis auf etwa ein Drittel der Lichtgeschwindigkeit beschleunigt. Ihr Gewicht nimmt dabei aber nur um 6% zu. Beim Aufprall auf den Leuchtschirm erzeugen sie Lichtpunkte, die zusammen das Bild ergeben. Würde man bei der Konstruktion der Bildröhre die Spezielle Relativitätstheorie nicht berück-

INFO

DIE LICHTUHR

Wie schnell vergeht die Zeit...? Diese Frage lässt sich nach Einstein gar nicht so einfach und vor allem nicht eindeutig beantworten. Seine Überlegungen verdeutlicht ein Gedankenexperiment: Man denke sich zwei parallel angebrachte Spiegel, zwischen denen ein Lichtpuls hin und her reflektiert wird. Jede Reflexion diene als Taktgeber für eine Uhr. Solange diese Lichtuhr in Ruhe ist, schwingt ihr „Pendel" wie jedes andere auch. Doch stellt man sich die Uhr in Bewegung senkrecht zum Lichtstrahl vor, ändert sich die Situation: Das Lichtpendel verläuft nun von außen betrachtet auf einer Zickzacklinie, und der zurückgelegte Weg wird länger. Da nun aber die Lichtgeschwindigkeit konstant ist, dauert jeder Taktschlag – von außen gesehen – ein wenig länger als zuvor. Die Zeit verläuft also von einem ruhenden Beobachter aus gesehen im bewegten System langsamer. Einstein folgerte: Je schneller man sich bewegt, desto langsamer vergeht von außen betrachtet die Zeit. Seine Formel dafür kann man mit dem Geodreieck selbst bestimmen:

Für einen Beobachter im bewegten System legt der Lichtstrahl den Weg y' zwischen den Spiegeln senkrecht von unten nach oben mit der Lichtgeschwindigkeit c in der Zeit t' zurück, d.h., $y'=c\cdot t'$ (Abbildung a). Für den außen stehenden, ruhenden Beobachter schreitet aber während der Laufzeit t' der Endpunkt der Reflexion, der obere Spiegel, mit der Geschwindigkeit v des bewegten Systems in x-Richtung, also um die Strecke $x=v\cdot t$ fort. Dadurch verläuft der Lichtstrahl vom unteren zum oberen Spiegel vom ruhenden Beobachter aus gesehen nun schräg (Abbildung b). Seine Laufstrecke beträgt $s=c\cdot t$. Diesen Weg s durchläuft das Licht ebenfalls mit der Lichtgeschwindigkeit c, da c nicht vom Bewegungszustand abhängt – laut Einstein. Die (Vektor) Addition (Abbildung c) der Strecken y' und x ergibt s und bildet ein rechtwinkliges Dreieck, so dass sich der Satz des Pythagoras anwenden lässt: $(c\cdot t)^2=(c\cdot t')^2+(v\cdot t)^2$. Löst man diese Gleichung nach t auf so erhält man das Ergebnis: $t=t'/\sqrt{1-(v/c)^2}$. Vom ruhenden Beobachter aus gesehen verlangsamt sich also der Zeitablauf im bewegten System um den Faktor $1/\sqrt{1-(v/c)^2}$.

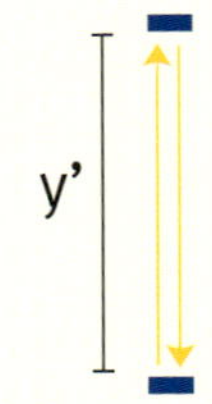

Abb. a

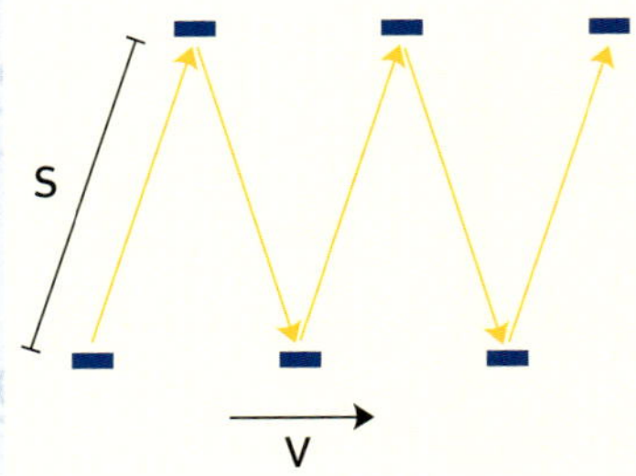

Abb. b

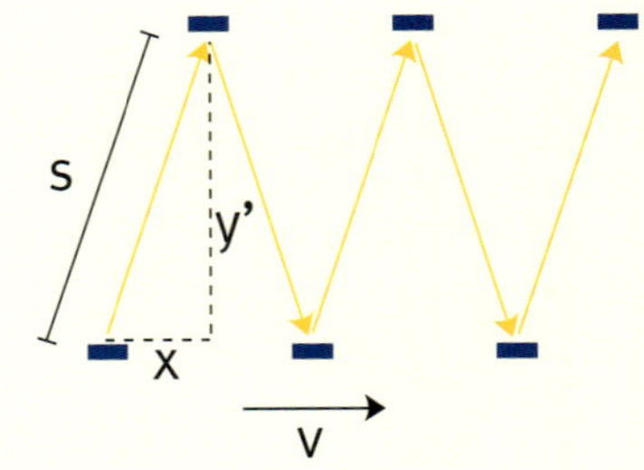

Abb. c (Grafiken: iserundschmidt)

Bewegung hält jung: das gilt auch für instabile Partikel, die in einem solchen Teilchenbeschleuniger herumflitzen. (Bild: CERN Photo)

sichtigen, so würden die Elektronen bis zu etwa einen Millimeter von ihrer Sollbahn abweichen. Die Bilder wären unscharf.

Wenn die Zeit zu kriechen beginnt

Die Konstanz der Lichtgeschwindigkeit steht zwar im Widerspruch zu unserer Alltagserfahrung, aber alle Experimente, die in den vergangenen Jahrzehnten ausgeführt wurden, bestätigen dieses Gesetz. Aus ihm lassen sich mit einfachen Gedankenexperimenten weitere, seltsame Konsequenzen der Einstein'schen Theorie herleiten. Die wohl spektakulärste ist die Zeitdehnung, wonach die Uhren in einem schnell bewegten System langsamer gehen als in einem ruhenden System. Dies wird mit Hilfe einer „Lichtuhr" klar.

Der Effekt wurde vielfach in unterschiedlicher Weise experimentell bestätigt. Im Jahre 1971 installierten etwa amerikanische Physiker vier Atomuhren in Reisejets und flogen damit um die Erde. Anschließend verglichen sie die Atomuhren mit einer weiteren, die im Labor verblieben war – und fanden die vorhergesagte Zeitdehnung.

Auch in modernen Teilchenbeschleunigern kann man heute messen, wie die schnelle Fahrt jung hält. So genannte Myonen, instabile Teilchen, die normalerweise mit einer Halbwertszeit von 1,5 Millionstel Sekunden zerfallen, „lebten" dort, im rasanten Flug mit 99,9997 Prozent der Lichtgeschwindigkeit, rund 400mal so lang – genau wie Einstein es vorausgesagt hat.

Entscheidend ist, dass die Verlangsamung der Zeit nicht durch Beeinflussung der

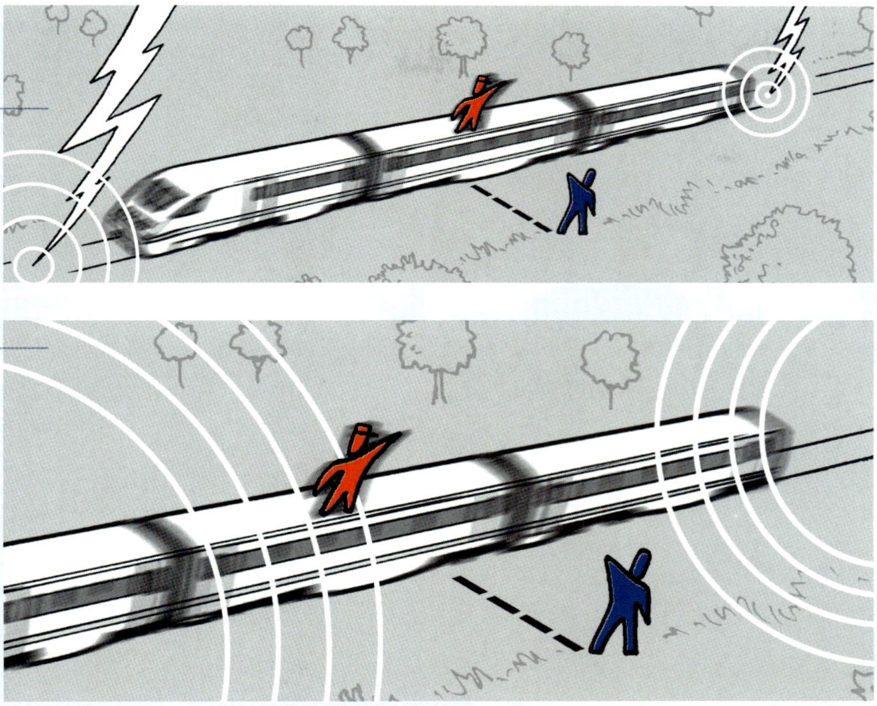

Wer hat an der Uhr gedreht? Ein Beobachter am Bahndamm sieht zwei Blitze gleichzeitig einschlagen – für den Schaffner im Zug kommen sie nacheinander. Und nach Einstein haben beide recht. (Illustration: iserundschmidt, Timo Meyer)

Die Astronauten von Apollo 11 (v.l.n.r. Edward Aldrin, Neil Armstrong und Michael Collins) sind auf ihrem Flug zum Mond etwa um 250 Millionstelsekunden weniger gealtert als ihre Kollegen am Boden. Zumindest rein rechnerisch (Bild: NASA).

Uhren zustande kommt. Die Zeit an sich vergeht unterschiedlich schnell. Und das wirkt sich auf alle Vorgänge aus, auch auf biologische. Nur lässt sich der Effekt am Menschen bisher nicht nachweisen, weil es keine Raumschiffe gibt, die auch nur annähernd Lichtgeschwindigkeit erreichen. Die Apollo-Astronauten beispielsweise sind auf ihrem acht Tage währenden Flügen etwa um 250 Mikrosekunden (Millionstelsekunden) weniger gealtert als ihre Kollegen am Boden. Zumindest rein rechnerisch.

Was heißt schon gleichzeitig?

Die Zeit kann nach Einstein unterschiedlich schnell vergehen. Der Blick auf die Uhr wird damit zu einer relativen Angelegenheit. Selbst die Frage, ob zwei Ereignisse gleichzeitig stattfinden, lässt sich nicht mehr eindeutig beantworten. Hierzu wieder ein Gedankenexperiment:

Ein Beobachter stehe in der Nähe eines Bahndammes, an dem ein Zug mit hoher (nicht realistischer) Geschwindigkeit vorbeifährt. In dem Moment, in dem das vordere und hintere Zugende vom Beobachter gleich weit entfernt sind, schlägt direkt vor der Lok bzw. direkt hinter dem letzten Wagen jeweils ein Blitz in den Bahndamm ein. Weil das Licht von beiden Einschlagstellen her die gleiche Wegstrecke bis zum ruhenden Beobachter zurücklegen muss, sieht dieser nach einem kurzen Laufzeitintervall beide Blitze gleichzeitig, ganz gleich ob er Newton oder Einstein zu Rate zieht.

Genau in der Mitte des Zuges befinde sich der Schaffner, dem es ebenfalls möglich ist, die Blitze zu sehen. Was beobachtet der Schaffner? Da er sich während der Laufzeit der Blitze weiter vorwärts bewegt, nähert er sich dem Blitz, der ihm von der Lokomotive her entgegen kommt, verkürzt also dessen Laufstrecke bis zu ihm. Da er sich vom Blitz, der am Ort des hinteren Zugendes eingeschlagen hat, entfernt, verlängert sich dessen Laufstrecke bis zum Schaffner. Beide Blitze laufen nach Einstein mit konstanter Lichtgeschwindigkeit c. Befragt der Schaffner also Einstein, sieht er den Blitz von der Lokomotive eher als den vom Zugende. Nach der Speziellen Relativitätstheorie Einsteins sind also für den bewegten Beobachter, den Schaffner, tatsächlich beide Blitze nacheinander eingeschlagen. Gleichzeitig oder nacheinander, was stimmt denn nun?

Der Clou: Sowohl der stehende Beobachter als auch der Schaffner haben Recht,

⇡ So würde der Tübinger Marktplatz erscheinen, wenn man mit 90% der Lichtgeschwindigkeit im Sturzflug auf ihn zurasen würde (Bild: Theoretische Astrophysik, Universität Tübingen; MPI für biologische Kybernetik)

⇢ So würde uns die Tübinger Marktgasse erscheinen, wenn wir mit 95% der Lichtgeschwindigkeit durch sie hindurchfahren würden. (Bild: Theoretische Astrophysik, Universität Tübingen; MPI für biologische Kybernetik)

die Relativitätstheorie macht zwischen ihren Standpunkten keinen Unterschied. Der Schaffner könnte sogar behaupten, er befände sich in Ruhe und die Person am Bahndamm hätte sich im Vergleich zu ihm bewegt. Das heißt: Die Blitze sind sozusagen gleichzeitig und nacheinander eingeschlagen.

Die Begriffe Vergangenheit, Gegenwart und Zukunft wurden damit in der Speziellen Relativitätstheorie neu definiert. Einstein selbst bezeichnete sie später als „hartnäckige Illusionen". Allerdings kann nie das Kausalitätsprinzip verletzt werden, wonach stets die Ursache der Wirkung vorausgeht. Der Grund hierfür ist, dass sich jede nur denkbare Ursache maximal mit Lichtgeschwindigkeit ausbreiten und an einem anderen Ort wirken kann. Also: Erst kommt der Elfmeterschuss, dann fällt das Tor, nie umgekehrt. Das ist auch bei Einstein so.

Aus dick wird dünn

Nicht nur die Zeit gerät etwas durcheinander, die Konstanz der Lichtgeschwindigkeit hat noch eine weitere, seltsame Konsequenz: Wenn man sich sehr schnell mit nahezu Lichtgeschwindigkeit bewegt, erscheinen einem alle Körper in Bewegungsrichtung verkürzt. Dicke Leute sind plötzlich dünn und lange Züge kurz. Allerdings werden diese Körper nicht wirklich zusammengedrückt und gestaucht. Physikalisch verändern sie sich nicht. Die Kontraktion betrifft auch nicht nur Körper, sondern allgemein räumliche Abstände. Da aber alle gleichförmig bewegten Beobachter gleichberechtigt sind, gibt es keine richtige oder falsche Längenmessung. Nur in unserem Alltag ist ein Meter immer gleich lang, weil wir uns nie sehr schnell gegenüber Objekten bewegen, deren Ausmaße wir messen.

Jahrzehntelang dachten die Physiker, alle Objekte würden bei schneller Fahrt in Bewegungsrichtung verkürzt erscheinen. Doch Ende der 1950er-Jahre bemerkten Theoretiker, dass man hierbei etwas Wichtiges vergessen hatte: Das Licht benötigt von unterschiedlich weit entfernten Stellen auch eines gestauchten Körpers unterschiedlich lange Zeiten, bis es beim sich bewegenden Beobachter eintrifft. Dies hat zur Folge, dass bei sehr hohen Geschwindigkeiten Objekte in ihrer Länge verändert und verzerrt erscheinen, so als würde man sie durch ein Fischaugen-Objektiv aufnehmen. Mit Computer-Simulationen lässt sich heute darstellen, was Einstein damals sicher

Die Sonne leuchtet, weil sie – gemäß $E = mc^2$ – Energie aus der Verschmelzung von Atomkernen freisetzt. Die berühmte Formel hält auch Kernkraftwerke am Laufen und verleiht Atombomben ihre Sprengkraft. (Bild: Los Alamos National Laboratory)

auch gern gesehen hätte: Fahrten mit annähernd Lichtgeschwindigkeit durch eine Stadt.

$E=mc^2$: Was sind Energie und Materie?

Ist ein Glas mit heißem Wasser schwerer als eines mit derselben Menge (Anzahl von Molekülen) kalten Wassers? Die Antwort ist ja – und ihre Erklärung hat erstaunlicherweise etwas mit der Energieerzeugung im Innern der Sterne wie mit der enormen Sprengkraft von Atombomben zu tun.

Am 27. September 1905 reichte Einstein eine nur drei Seiten umfassende Arbeit zur Veröffentlichung ein. Dieser Nachtrag zur Speziellen Relativitätstheorie hatte die wohl berühmteste Formel der Weltgeschichte zum Ergebnis: $E=mc^2$. Sie besagt, dass Ruhenergie E und Ruhemasse m ineinander umwandelbar sind. Das Quadrat der Lichtgeschwindigkeit c^2 ist ein sehr großer Faktor – aus wenig Masse kann also sehr viel Energie werden.

Heute gehört beispielsweise die Erzeugung von Energie aus Kernspaltung zum Alltag. In Atomkraftwerken werden in einer kontrollierten Kettenreaktion Uran-Atomkerne gespalten. Hierbei wird ein Tausendstel der Kernmaterie in Energie umgesetzt. Bei Atombomben läuft die Kettenreaktion in Bruchteilen einer Sekunde ab, wobei enorme Energiemengen frei werden. Bei der Explosion der Atombombe von Hiroshima lieferte nur etwa ein Kilogramm Plutonium die Sprengkraft von 12.500 Tonnen TNT.

Ebenfalls nach dem Prinzip Materie-Energie-Umwandlung funktioniert die Kern-

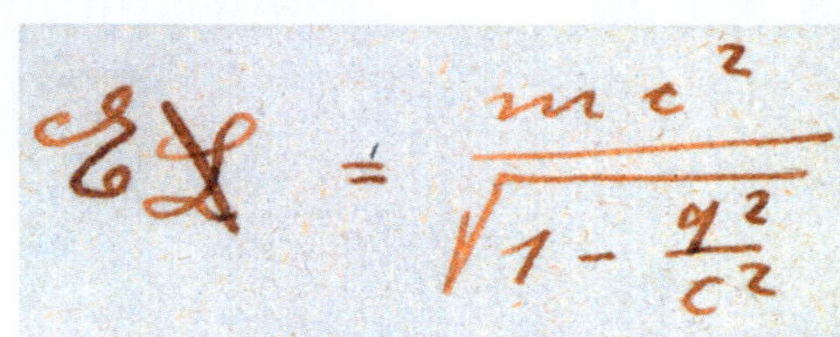

INFO

WAS BEDEUTET $L=mc^2$?

$E=mc^2$ – so lautet die berühmteste Formel der Welt. Und jeder weiß, dass Einstein sie entdeckt hat. Was kaum jemand weiß: Einsteins Arbeit von 1905 enthält die Formel gar nicht, an keiner Stelle. Einstein schrieb: „Gibt ein Körper die Energie L in Form von Strahlung ab, so verkleinert sich seine Masse um L/V^2.“ Er verwendete den Buchstaben L, weil er in seinem Gedankenexperiment Licht als abgestrahlte Energie annahm. Er bemerkte aber: „Hierbei ist es offenbar unwesentlich, dass die dem Körper entzogene Energie gerade in Energie der Strahlung übergeht, so dass wir zu der allgemeineren Folgerung geführt werden: Die Masse eines Körpers ist ein Maß für dessen Energieinhalt.“ Das heißt, auch wenn er es anders geschrieben hat: Inhaltlich gesehen ist und bleibt $E=mc^2$ die Entdeckung von Albert Einstein.

⇢ Teil des ringförmigen Behälters der Fusionsanlage Wendelstein 7-x, in dem später die Fusion gezündet werden soll. (Bild: IPP, W. Filser)

⇢ Das wenige Millimeter breite Herzstü einer „Ionenfalle", mit der sich einzel Atome einsperren und z. B. mit Laserstra len traktieren lassen. Albert Einstein leg die Grundlage für solche Experimente m Licht und Materie. (Bild: Institut für Expe mentalphysik, Univ. Innsbruck)

⇣ Nobelpreisträger-Treffen im Jahre 1931: v.l.n.r.: Walther Nernst, Albert Einstein, Max Planck, Robert Millikan und Max von Laue (Bild: Ullstein).

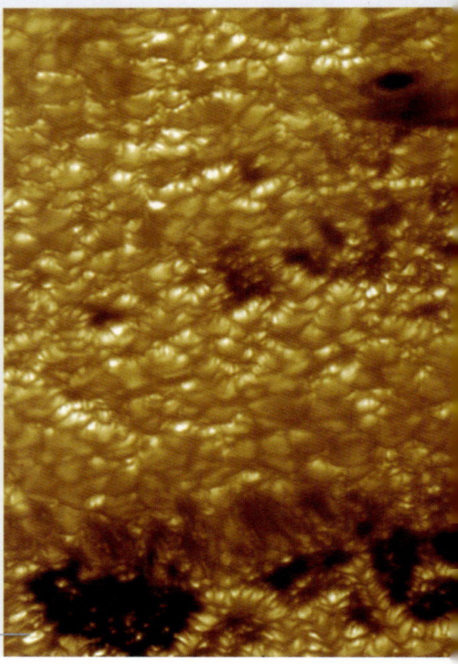

⇢ Der bekannteste Fusionsreaktor der Welt: Das Bild zeigt brodelndes Sonnenplasma, den Grundstoff, den die Sonne zur Kernfusion benötigt. (Bild: G.Scharmer (ISP, RSAS) et al., Lockheed-Martin solar & Astrophysics Lab.)

INFO

DAS GERANGEL UM DEN NOBELPREIS

Einstein erhielt den Nobelpreis für Physik sehr spät und dann auch nicht für die Relativitätstheorie, sondern für seine Beiträge zur Quantentheorie. Warum?

Einstein wurde zwischen 1909 und 1922 fast jedes Jahr für den Preis nominiert. Immer wieder wurde aber darauf verwiesen, dass man erst zweifelsfreie experimentelle Bestätigungen bräuchte, bevor man Einstein auszeichnen könne. Als diese schließlich vorlagen, beauftragte das Nobelkomitee eines seiner Mitglieder mit einem Bericht über die Relativitätstheorie. Dieser Gutachter hatte aber wesentliche Aspekte der Allgemeinen Relativitätstheorie gar nicht verstanden und lehnte Einstein deshalb ab. Als der Druck der Physiker immer größer wurde, gab das Komitee nach und verlieh Einstein 1922 (für das Jahr 1921) endlich den begehrten Preis – aber für die Quantentheorie.

fusion. Sie basiert auf dem Verschmelzen leichter Atomkerne. Alle Sonnen im Weltall, einschließlich unserer Sonne, erzeugen auf diese Weise ihre Energie. In mehreren Schritten verschmelzen insgesamt vier Wasserstoffkerne (Protonen) zu einem Heliumkern. Dieser ist jedoch leichter als die Summe der vier Protonen, weil er aus zwei Protonen und zwei Neutronen besteht. Die Massendifferenz von ungefähr einem Prozent wird bei jedem Reaktionsschritt in Form von Strahlungsenergie abgegeben. In jeder Sekunde verwandelt der „Kernfusionsreaktor Sonne" etwa vier Millionen Tonnen Materie in Energie. Diese Menge würde ausreichen, um eine Million Jahre lang den gesamten heutigen Energiebedarf der Menschheit zu decken.

Technisch hat die Kernfusion ihre Anwendung im Bau von Wasserstoffbomben gefunden. Die kontrollierte Fusion in einem Energie liefernden Reaktor ist noch nicht möglich. Sie ist das Ziel einer weltweiten Zusammenarbeit.

Da die Wesensverwandtschaft von Energie und Masse für jede Art von Energie gilt, ist auch das Glas mit heißem Wasser schwerer als das mit kaltem. So wird ein Liter Wasser bei Erwärmung um 20 °C um ein Milliardstel Gramm schwerer. Messen kann man das nicht. Aber wir können es Einstein glauben.

Von der Lichtwelle zum Quantenspuk

„Falls Gott die Welt geschaffen hat, war seine Hauptsorge sicherlich nicht, sie so zu machen, dass wir sie verstehen."

Einstein an David Bohm, 10.2.1954

Die Frage nach der Natur des Lichts zieht sich wie ein roter Faden durch die gesamte Physikgeschichte. Im 17. Jahrhundert standen sich zwei Ansichten gegenüber. Eine Gruppe, zu der beispielsweise der Holländer Christiaan Huygens gehörte, zog aus Experimenten den Schluss, dass Licht eine Welle sein müsse. Licht kann nämlich „um die Ecke herum" in den Schattenraum eines Hindernisses scheinen. Das nennt man nach Huygens „Beugung". Dem gegenüber stand die Theorie Newtons. Er nahm an, dass Licht aus einem Teilchenstrom besteht. Im Jahre 1802 schien sich dieser Streit für Huygens zu entscheiden, als Thomas Young in England seinen legendären Doppelspalt-Versuch durchführte. Young leitete Licht durch eine doppelt geschlitzte Kartonblende auf eine Projektionswand. Überraschenderweise bildeten sich dort nicht die zwei Spalte hell ab, sondern es erschien ein Muster aus mehreren hellen und dunklen Streifen. Dieser Effekt lässt sich damit erklären, dass Licht aus Wellen besteht: Hinter den beiden Spalten überlagern sich die gebeugten Wellen, das nennt man Interferenz. Treffen dabei Wellenberge auf Wellentäler, so löschen sie sich gegenseitig aus (dunkle Streifen), an anderen Stellen verstärken sich Täler und Täler, Berge und Berge (helle Streifen).

Knapp hundert Jahre lang blieb die Wellentheorie unangefochten. Dann beschäftigte sich Max Planck mit der bedeutenden Frage: Warum strahlen feste Körper und Gase Licht in Farben ab, die offenbar nur von der Temperatur des Strahlers abhängen? Erhitzt man beispielsweise Eisen, erstrahlt es mit steigender Temperatur zunächst rot glühend, anschließend gelblich und schließlich intensiv weißlichblau. Steckte ein Naturgesetz dahinter? Planck fand eine später nach ihm benannte Strahlungsformel, die genau dieses Verhalten beschrieb. Aber um sie mit den Messergebnissen in Einklang bringen zu können, musste er eine Konstante einführen, das Planck'sche Wirkungsquantum h. Planck selbst war die Konsequenz seiner Entdeckung gar nicht bewusst: Die überraschende Tatsache, dass Materie Strahlung stets nur in einzelnen „Paketen"

INFO

STROM AUS SONNENLICHT

Solarzellen gewinnen nahezu verschleißfrei Strom aus Sonnenlicht. Ihr Funktionsprinzip ist der so genannte innere Fotoeffekt: Hierfür benötigt man einen Halbleiter, der Sonnenlicht absorbiert, zum Beispiel Silizium. Die Photonen setzen Elektronen frei, die durch ein elektrisches Feld innerhalb des Halbleiters zu einer Seite hin beschleunigt werden: Es kommt zur Ladungstrennung, und die so aufgebaute Spannung kann abgegriffen werden. Der Stromkreis wird über einen Verbraucher geschlossen, damit die Elektronen wieder in den oberen Teil der Solarzelle zurückkehren können. Heute versucht man insbesondere den Wirkungsgrad von Solarzellen zu erhöhen und den Materialaufwand zu verringern. Der Anteil der Photovoltaik an der gesamten Stromerzeugung ist zwar gering, aber er steigt. In Deutschland hat sich die gesamte installierte Leistung von 9 MW im Jahr 1993 bis auf 410 MW im Jahr 2003 vergrößert. Weltweit führend ist Japan mit 860 MW, gefolgt von Deutschland und den USA mit 275 MW. (Bild: Fraunhofer ISE)

Welle oder Teilchen: Das Rastertunnelmikroskop (RTM) macht beides sichtbar. Eisenatome, mit dem RTM in eine ovale Anordnung geschoben, auf einem Kupfersubstrat, dessen „eingesperrte" Elektronen ein stehendes Wellenfeld bilden. Die gesamte Konstruktion ist rund 5000fach kleiner als der Durchmesser eines menschlichen Haares. (Bild: IBM Almaden)

oder Quanten aufnehmen oder abgeben kann und nicht kontinuierlich, wie man bis dahin meinte, passte einfach nicht in den Rahmen der damaligen Physik. Einstein war der Erste und lange Zeit auch der Einzige, der die ungeliebten Quanten ernst nahm.

Wieder einmal war es ein innerer Widerspruch, der Einstein zu denken gab. Licht, oder allgemein elektromagnetische Strahlung, sollte eine im Raum ausgedehnte Welle sein. Wie aber kann ein winziges Atom oder Elektron eine Welle verschlucken, die im Prinzip eine beliebig große Amplitude haben kann? Genau das aber sollte geschehen, wenn ein Körper Licht absorbiert. Einstein nahm deshalb an, dass die Energie eines Lichtstrahls „aus einer endlichen Zahl von ... Energiequanten [besteht], welche sich bewegen, ohne sich zu teilen und nur als Ganzes absorbiert und erzeugt werden können." Kurz: Licht sollte aus einem Schwarm von Teilchen bestehen, die man später als Photonen bezeichnete.

Mit dieser Hypothese konnte Einstein ein bis dahin rätselhaftes Phänomen erklären: den fotoelektrischen Effekt. Schon 1886 hatte Heinrich Hertz beobachtet, dass manche Metalle Elektronen abgaben, wenn er ihre Oberfläche mit Licht bestrahlte. Überraschenderweise waren die wegfliegenden Elektronen umso schneller, je kurzwelliger das eingestrahlte Licht war. Anders gesagt: Ihre kinetische Energie wuchs mit der Frequenz des Lichts. Nach der klassischen Physik erwartete man etwas anders: Die kinetische Energie sollte mit steigender Intensität des Lichts zunehmen. Je intensiver die Einstrahlung, desto schneller sollten die Elektronen herausfliegen. Stattdessen variierte ihre Geschwindigkeit nun in Abhängigkeit von der Farbe, also der Frequenz des Lichts. Wie war das zu erklären?

Nach Einstein besteht das Licht aus Photonen, deren Energie sich aus dem Produkt des Planck'schen Wirkungsquantums h und der Frequenz ν ergibt: $E=h\nu$. Das bedeutet, dass die Energie des Lichts mit wachsender Frequenz (entsprechend abnehmender Wellenlänge $\lambda=c/\nu$; c=Licht-

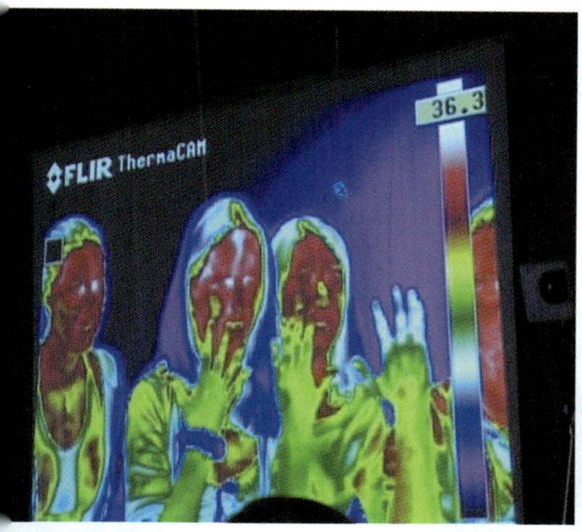

⇡ Infrarotlicht – vulgo Wärmestrahlung – ist der energiearme Cousin des UVs und besitzt ebenso wie dieser nicht nur Wellen-, sondern auch Teilchencharakter. Letztere Eigenschaft machen sich Wärmekameras zu nutze, um Temperaturverläufe bildlich festzuhalten. (Bild: Wassermann, Universität Duisburg-Essen)

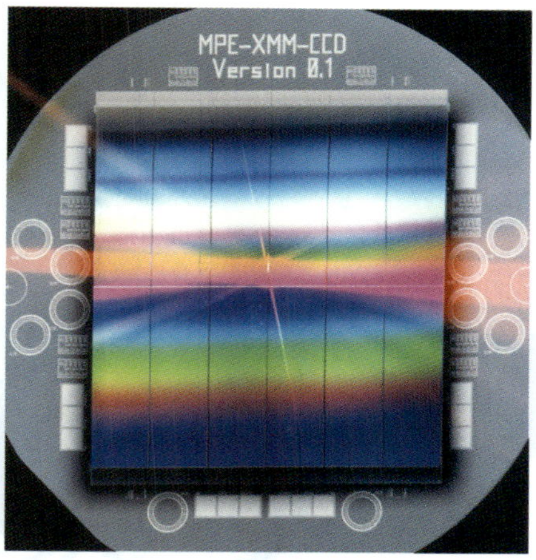

⇠ Der Fotoeffekt liegt den CCDs (Charge Coupled Device; ladungsgekoppeltes Halbleiter-Bauelement) zugrunde, die sich heute in jeder Digitalkamera befinden. (Bild: MPI für extraterrestrische Physik)

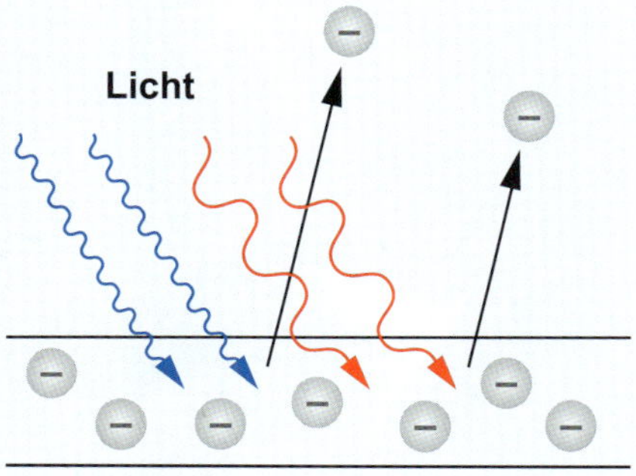

⇠ Trifft Licht auf ein Metall, kann es elektrische Ladungen freisetzen. Die Entschlüsselung dieses „fotoelektrischen Effekts" brachte Albert Einstein den Physik-Nobelpreis ein. (Bild: iserundschmidt)

WELTREKORD MIT NUNA 2

INFO

Nicht ganz so schnell wie Michael Schumachers Ferrari, dafür aber ohne einen Liter Benzin fährt das Solarmobil Nuna 2. Holländische Studenten haben das Gefährt gebaut, das eine Spitzengeschwindigkeit von 170 Kilometer pro Stunde erreicht. Im Jahr 2003 gewann das Team mit Nuna 2 den World Solar Challenge in Australien, als es eine 3010 Kilometer lange Strecke in 31 Stunden zurücklegte. Den Strom für den Elektromotor lieferten Gallium-Arsenid-Solarzellen, welche die Europäische Weltraumbehörde für ihre Satelliten entwickelt hat. (Bild: ESA)

geschwindigkeit) zunimmt. Einfach gesagt: UV-Licht ist energiereicher als blaues oder rotes Licht und verleiht damit den Elektronen beim Zusammenstoß auch mehr Energie. Ganz so einfach ist das Bild von den fliegenden Minikugeln, den Photonen aber nicht. Da Photonen Lichtgeschwindigkeit haben, können sie nach Einsteins spezieller Relativitätstheorie keine Masse haben. Sie „wiegen" nichts, wenn man sie im Fluge auf eine Waage legen könnte. Der Physiker sagt, ihre „Ruhemasse" im mitbewegten Inertialsystem ist Null.

Bei allem Erfolg, Einstein war sich darüber im Klaren, dass die alte Wellentheorie des Lichts nicht ganz falsch sein konnte. Beugung und Interferenz, das war ja Realität. Seine Lichtquanten bildeten auch nicht reine Teilchenströme à la Newton. Vielmehr war Einstein auf den so genannten Welle-Teilchen-Dualismus gestoßen, ohne dafür eine abschließende Erklärung zu haben. Er ahnte aber, dass „eine tiefgehende Änderung unserer Anschauungen vom Wesen und von der Konstitution des Lichts unerlässlich" sein würde, um das Rätsel zu lösen. Louis Victor de Broglie lieferte die Lösung erst im Laufe der 1920er-Jahre im Rahmen der modernen Quantentheorie.

Die technische Anwendung des fotoelektrischen Effekts im großen Stil ließ noch lange auf sich warten. Erst rund ein halbes Jahrhundert nach Einsteins Arbeit stellten die Bell Laboratories in den USA die erste Solarzelle aus Silizium her. Und heute benutzen wir Digitalkameras, die ganz ähnlich funktionieren. Ihr CCD-Chip besteht aus mehreren Millionen lichtempfindlichen Bildelementen, in denen Photonen ebenfalls Elektronen frei setzen. Nach der Belichtung liest die Kamera diese Elektronen aus und errechnet aus der Anzahl der Ladungsträger eine Bildhelligkeit. Auf diese Weise setzt beispielsweise eine Drei-Megapixel-Kamera aus drei Millionen Punkten ihr Bild zusammen.

Für seine Theorie der Lichtquanten verlieh man Einstein 1922 den Nobelpreis für Physik.

↑ Zweimal Einstein in einem Bild: Vollautomatisiert teilt ein Laser eine Dünnschicht-Solarzelle in schmale Streifen. So entstehen großflächige Solarmodule. (Bild: FZ Jülich)

↓ Der Laser ist heutzutage ein Präzisionswerkzeug mit unvorstellbaren Einsatzmöglichkeiten: Die Engelsskulptur entstand nach einem dreidimensionalen Computermodell und wurde Schicht um Schicht aus – mit dem Laser zusammengeschmolzenem – Keramikpulver aufgebaut. Nach einem ähnlichen Verfahren modellieren Laser auch Knochen- oder Zahnimplantate aus speziellem Metall- oder Keramikpulver. Als „Modell" dienen hier beispielsweise Daten aus der Computertomographie. (Fotos: Fraunhofer ILT, Fraunhofer IPT)

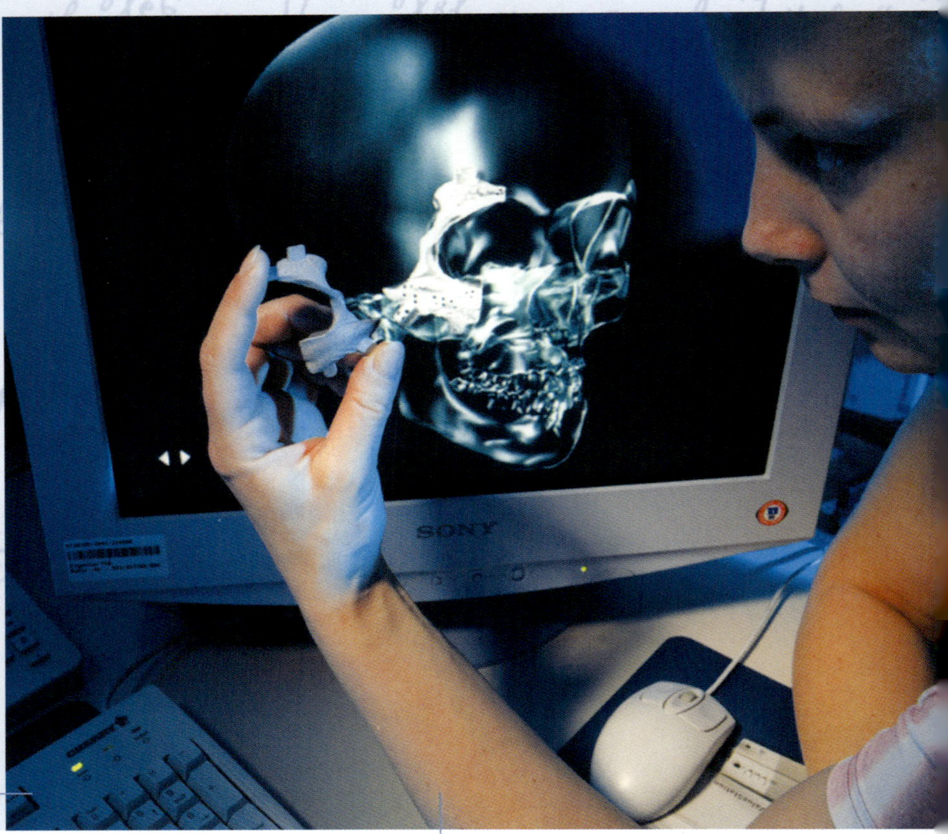

„Alles ganz quantisch" – der Laser

Was geschieht, wenn ein Photon mit einem Atom zusammenstößt? Einstein ließ diese Frage nicht los. Im August 1916 machte er eine Entdeckung mit weit reichenden Folgen. Seinem Freund Michele Besso schrieb er: „Es ist mir ein prächtiges Licht über die Absorption und Emission von Strahlung aufgegangen. ... Alles ganz quantisch." Einstein hatte sich ein System vorgestellt, in dem Atome Photonen aufnehmen. Dabei springt jeweils ein Elektron auf eine energetisch höhere „Bahn". Den Vorgang nennt man Absorption. Das Atom befindet sich danach in einem angeregten Zustand. Fällt das Elektron wieder auf die energetisch tiefer liegende ursprüngliche Bahn herunter, wird ein Photon abgegeben. Diesen Vorgang nennt man spontane Emission.

Doch dieses Herunterfallen geschieht nicht nur spontan. Es ist unter bestimmten Bedingungen auch möglich, dass ein Photon mit der Energie $E=h\nu$ beim Zusammenstoß mit einem angeregten Atom das Elektron von der höheren Bahn wieder gezielt in den Grundzustand zurück „schubst". Das nennt man stimulierte Emission. Hierbei wird ein zweites Photon ebenfalls mit der Energie $E=h\nu$ frei, das mit dem auslösenden Photon im Takt schwingt. Führt man den Versuch in einem Glasrohr durch, das noch weitere angeregte Atome der gleichen Art enthält, so können die beiden Photonen nun zwei weitere Atome zur Emission stimulieren und so weiter. Es entsteht eine Lichtlawine aus einfarbigem Licht, da alle Photonen die gleiche Frequenz ν haben. Bringt man an den Enden des Glasrohres Planspiegel an, so laufen die Lichtwellen aus den Photonen wie in einem Käfig (Resonator) hin und her und verstärken sich immer weiter, so lange man nur von außen „Anregungsenergie" in die Atome pumpt. Das ist das Prinzip des Lasers.

Dabei kommt wieder der Welle-Teilchen-Dualismus zum Vorschein: Das Prinzip der stimulierten Emission lässt sich nur unter der Annahme ableiten, dass Licht aus Photonen besteht. Das Phänomen des Lasers aber beschreibt man im Wellenbild. Es dauerte fast vierzig Jahre von Einsteins Arbeit bis zur Entwicklung des ersten Lasers 1954 . Heute sind Laser aus unserem Leben kaum mehr wegzudenken. Laserdioden lesen an Kaufhauskassen die Barcodes oder tasten CDs und DVDs ab. Rote Gaslaser, in denen Gemische aus Helium und Neon leuchten, nutzen wir in der Holografie und in der Spektroskopie.

⇢ HELGA WEIHS, HK-I-2003,
160 x 300 x 80 cm,
www.galeriehoffmann.de

Laserstrahlen haben wir auch bis zum Mond geschickt und von dort zurückgespiegelt. Moderne Medizin vor allem in der Augenheilkunde ist ohne Laser undenkbar.

In den Naturwissenschaften sind Laser zu einem unentbehrlichen Werkzeug geworden, zum Beispiel, um Atome und Moleküle zu untersuchen, Spurenstoffe in der Atmosphäre nachzuweisen oder Werkstücke zu vermessen. Man kann mit ihnen Entfernungen und Geschwindigkeiten bestimmen, und mit Laserkreiseln äußerst präzise navigieren oder Drehbewegungen messen. Von neuesten Anwendungen – Kernfusion mit High-Power-Lasern oder Atome soweit abkühlen, dass man sie zu Bose-Einstein Kondensaten zusammenschieben kann – davon hat Einstein nichts geahnt. Gefreut hätte es ihn sicher.

König Zufall

In seiner Arbeit von 1916 über die stimulierte Emission war Einstein über etwas gestolpert, was ihn sein Leben lang nicht mehr loslassen sollte: der Zufall. „Die Schwäche der Theorie liegt ... darin, dass sie Zeit und Richtung der Elementarprozesse dem „Zufall" überlässt", schrieb er. Später sollte es sich im Rahmen der Quantentheorie erweisen, dass tatsächlich König Zufall im Reich der Atome regiert.

Die Quantentheorie behauptet, dass man viele Vorgänge grundsätzlich nicht vorhersagen kann, weil sich manche Größen naturbedingt nicht beliebig genau messen lassen. Die so genannte Heisenberg'sche Unschärferelation bringt dieses Phänomen zum Ausdruck. Unzählige Beispiele, wie radioaktiver Zerfall, Tunneleffekt oder Interferenz, zeugen vom Zufall in der

INFO

DER ZUFALL UND DIE KUNST

Die Abstände der hellen Hölzer auf dem nebenstehenden Bild wurden von der Künstlerin beim Aufbau der drei Meter hohen Skulptur und beim Bau eines verkleinerten Modells nach ihrer eigenen Aussage jeweils „spontan" gesetzt. Die Frage ist nun: Sind die Abstände zwischen den weißen Hölzern „zufällig" oder folgen sie unbewusst einer Regel? Günter Schwitzgebel, emeritierter Professor für Physikalische Chemie an der Universität Saarbrücken, hat diese Frage für unser Themenheft untersucht. Seine Studie „Irrflug und ästhetische Balance" dokumentieren wir hier in Auszügen:

Betrachtet werden die Abstände (x) zwischen den hellen Hölzern der Skulptur HK-I-2003. Deren Häufigkeitsverteilung führt zu folgendem Ergebnis: Die Abstandshistogramme zeigen eine bimodale Verteilung, d. h., die Häufigkeitsdichte h(x) hat zwei Maxima, ein absolutes bei kleinem x und ein relatives etwa in der Mitte des Variationsbereichs. Eine gute Approximation an eine stetige Kurve w (x) und eine mögliche Interpretation ergeben sich aus einem unkonventionellen Vergleich mit einem erweiterten eindimensionalen random-walk („Irrflug")-Modell. Identifiziert man die beiden Moden als Resultat zweier „momentaner Quellen" (W. Jost, Diffusion) in der Nähe der Extremwerte, ergibt sich w (x) als Superposition zweier gewichteter Gauß-Kurven, von denen die erste durch die im Nullpunkt gespiegelten Werte für x < 0 überlagert ist.

Das bedeutet: Die Abstände zwischen den hellen Hölzern sind nicht zufällig. Aber sie sind auch nicht nach Plan gesetzt. Aus der mathematischen Analyse ergeben sich „Quellen", die die Entscheidung über die Lage der Hölzer beeinflussen. *Diese „Quellen",* so Schwitzgebel, *sind vielleicht im schöpferischen Unbewussten zu lokalisieren. Es geht Helga Weihs einerseits darum, mit einer dynamischen Lichtführung zwischen den Hölzern möglichst viele Durchblicke zu erzeugen, andererseits die Strenge der Symmetrie aufzulösen. Die ästhetische Balance setzt dem Zufall Grenzen.*

INFO

EINSTEIN UND MOZART, EINE SEELENVERWANDTSCHAFT

Einstein, der für sein Leben gern Geige spielte, liebte vor allem die Kompositionen des großen Wolfgang Amadeus: „Mozarts Musik ist so rein und schön, dass ich sie als die innere Schönheit des Universums ansehe", sagte er einmal. Und er spielte Mozart grandios. Obwohl Einsteins Geigenspiel unter seinen Zeitgenossen als nicht wirklich herausragend galt, spielte er Mozarts Stücke, als seien sie für ihn geschrieben. Der Cellist Alexander Barjansky äußerte sich in höchsten Tönen: „Wie Einstein Mozart spielte, war einzig. Ohne ein Virtuose zu sein, und vielleicht deswegen hat er die Tiefe und Tragik des Mozartschen Genies so selbstverständlich auf seiner Geige wiedergegeben." Was verband die beiden Grenzgänger? Darüber läßt sich nur spekulieren. Vielleicht war es eine besondere Leidenschaft für die harmonische Ordnung der Zahlen. Der Komponistenkollege Richard Wagner jedenfalls sah die Einzigartigkeit Mozarts gerade darin, dass sich bei ihm die empfindlichste Grazie mit einer erstaunlichen Begabung für Arithmetik verbunden habe.
(BIld: Picture-Alliance/dpa)

→ Brown'sche Molekularbewegung: Unbelebte Partikel bewegen sich wie von Geisterhand, wenn etwa Tinte sich langsam in einem Glas Wasser ausbreitet, bis es keine Konzentrationsunterschiede mehr gibt. (Bild: photocase.de)

↓ Mit „Ionenfallen" ist es möglich, einzelne Atome gezielt zu beeinflussen – wichtig für Experimente zur „spukhaften Fernwirkung" und für die Forschung an einem neuen Typ von Rechenmaschine: dem Quantencomputer. Mit Hilfe der abgebildeten Ionenfalle wurden an der Universität Innsbruck erfolgreich Quantenzustände von Ionen übertragen – die so genannte Quantenteleportation, die in der Phantasie von Science-Fiction-Autoren dereinst das Beamen ermöglichen soll. (Bild: Institut für Experimentalphysik, Uni Innsbruck)

Quantenwelt. Einstein war dennoch Zeit seines Lebens davon überzeugt, dass sich alle Vorgänge beliebig genau vorausberechnen lassen, sofern man alle dafür nötigen physikalischen Größen genau kennt. „Zu einem Verzicht auf die strenge Kausalität möchte ich mich nicht treiben lassen, bevor man sich nicht ganz anders dagegen gewehrt hat als bisher ... Wenn schon, dann möchte ich lieber Schuster oder Angestellter in einer Spielbank sein als Physiker", sagte er 1924.

Spukhafte Fernwirkung

Im Jahre 1935 startete Einstein seinen letzten Angriff auf die Quantentheorie. Zusammen mit Nathan Rosen und Boris Podolsky veröffentlichte er eine erstaunliche Arbeit, in der er ein ganz zentrales Phänomen der Quantenmechanik unter die Lupe nahm. Demnach kann es unter bestimmten Umständen passieren, dass zwei oder mehrere Quantenobjekte miteinander „verschränkt" werden und von da an wie mit einem unsichtbaren Band verwoben bleiben. Ohne äußere Störung können sich die beiden Geschwister beliebig weit voneinander entfernen, ohne dass das Band zerreißt.

Die Quantentheorie sagt nun Folgendes voraus: So lange die Teilchen oder Photonen unterwegs sind, sind ihre Eigenschaften, wie Spin oder Polarisation, unbestimmt. Alle Eigenschaften überlagern einander. So bald man aber eine dieser Eigenschaften von einem der beiden Geschwister misst, nimmt diese einen bestimmten Wert an. Im selben Moment wird die entsprechende Größe auch bei dem Geschwisterquant festgelegt – egal, wie weit die beiden Objekte voneinander entfernt sind. Einstein bezeichnete dieses Phänomen verschränkter Teilchen als „spukhafte Fernwirkung" und sah darin ein Argument gegen die Quantentheorie, denn nach seiner Relativitätstheorie kann sich keine Information schneller als Licht ausbreiten.

Doch was Einstein nicht glauben mochte, demonstrieren Physiker heute immer wieder im Labor. Es widerspricht dem gesunden Menschenverstand: Doch die schöne neue Quantenwelt ist manchmal so verrückt wie Alices Wunderland.

Der rätselhafte Tanz der Moleküle

„Ich bin fest davon durchdrungen, daß keine Reichtümer der Welt die Menschheit weiterbringen können."
WIE ICH DIE WELT SEHE, EINSTEIN 1930

Woraus bestehen feste Körper, Flüssigkeiten wie Wasser oder Gase wie die Luft? Aus Atomen bzw. Molekülen, wie man heute weiß. Doch um 1900 herum war dies noch keineswegs gesichert. Einer der prominentesten Gegner der „Atomisten" war der österreichische Physiker Ernst Mach, nach dem später die Schallgeschwindigkeit benannt wurde. Wenn in seiner Gegenwart jemand von Atomen sprach, fuhr er ihn gleich an: „Haben's denn schon eins gesehen?" Für Einstein indes stand fest, dass jede Art von Materie aus Atomen und Molekülen besteht. Sehen konnte auch er sie nicht, aber 1905 stieß er auf eine geniale Methode, wie man etwas über die Größe von Molekülen erfahren kann, auch ohne sie direkt beobachten zu können.

Ausgangspunkt war die Entdeckung eines Botanikers namens Robert Brown. Er beobachtete 1827 unter dem Mikroskop eine unregelmäßige Bewegung von Pollenkörnern, die er in einen Tropfen Wasser eingebracht hatte. Diese winzig kleinen Partikel führten einen lebhaften, nie enden wollenden Tanz auf, der schlicht unerklärlich blieb. Zunächst lag der Vergleich mit der Wanderung von Samenfäden nahe. Dann bemerkte Brown das Phänomen jedoch auch bei kleinsten Partikeln der unbelebten Materie. Es musste also physikalischer und nicht biologischer Natur sein. Eine vollständige Beschreibung der Brown'schen Bewegung fand man jedoch nicht. Die gelang erst Einstein im Jahre 1905.

Genau genommen bezog sich Einstein gar nicht speziell auf die Brown'sche Bewegung, von der er nur ungenaue Kenntnis hatte. Sein Grundgedanke war, dass die Moleküle einer Flüssigkeit auf

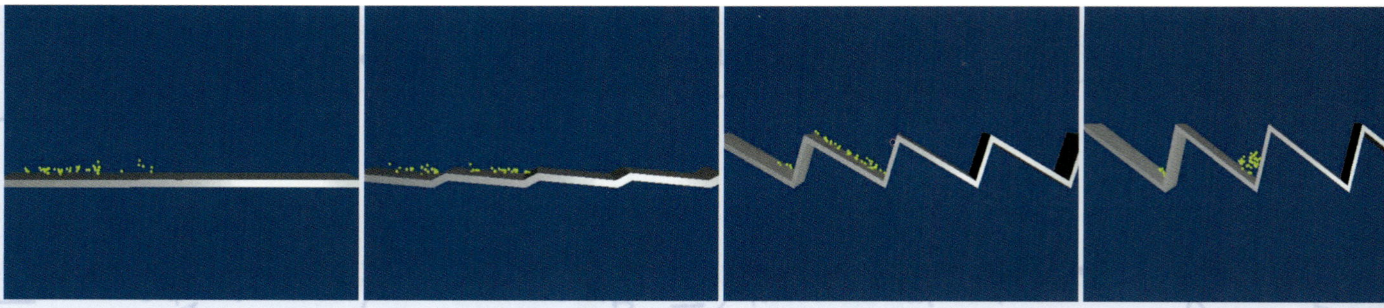

Das chaotische Zappeln der kleinsten Partikel in eine zielgerichtete Bewegung umzuwandeln, ist der Gedanke hinter dem „Brown'-schen Motor". Die Bildfolge zeigt, wie eine ungerichtete Teilchenbewegung mittels trickreich angelegter (beispielsweise elektrischer) Potentiale (Zacken) in einen gezielten Teilchenstrom verwandelt werden kann. Wie bei einer Ratsche mit einrastenden Klinken wird nur die Bewegung in die gewünschte Richtung fixiert, so dass nach und nach ein Teilchenstrom entsteht – ein Prinzip, das auch die Natur für den Stofftransport innerhalb von Zellen einsetzt. (Bild: H. Gumpp, LMU München)

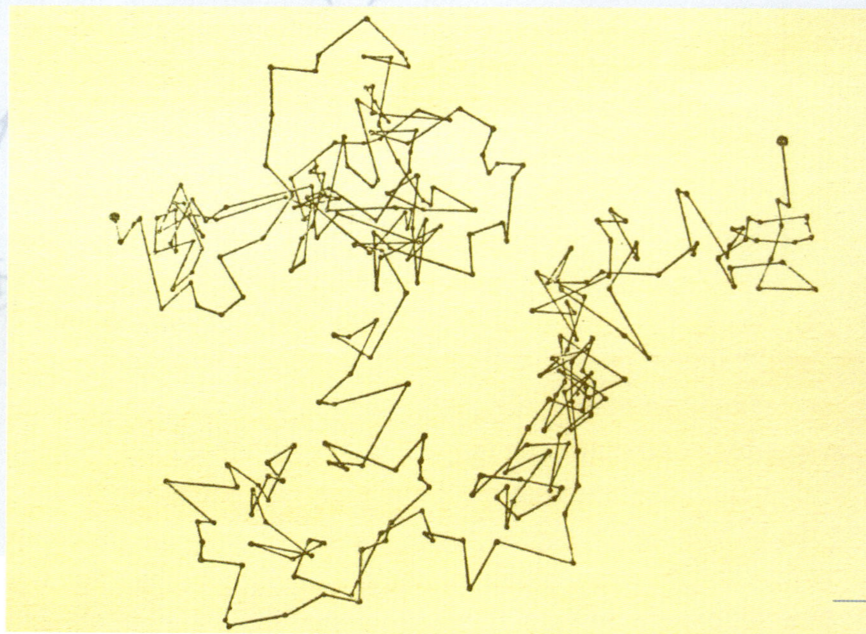

In seinem Buch „Die Atome" schildert Jean Perrin seine Experimente zur Brown'schen Bewegung, die er sogar am Mikroskop sitzend nachzeichnete. (Bild: T. Bührke)

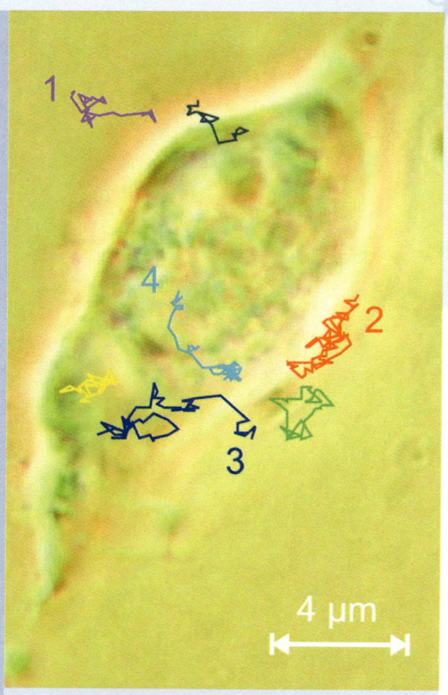

INFO

VIRENINFEKTION

Physikochemiker haben festgestellt, dass Viren eine Brown'sche Bewegung ausführen, wenn sie in eine Zelle eindringen. Zunächst diffundiert das Virus frei in der Lösung (Station 1), dann dockt es an die Zellmembran an (2) und durchdringt sie (3). Anschließend diffundiert es im Zytoplasma der Zelle (3), bis es in den Zellkern eindringt (4). (Bild: C. Bräuchle, T. Endreß, LMU München, Science 294 (2001) 1929)

Grund der Wärme Bewegungsenergie besitzen und deshalb unablässig völlig ungeordnet hin und her zappeln. Wenn man nun in diese Flüssigkeit ein relativ „großes" Partikel von vielleicht einem tausendstel Millimeter Durchmesser einbringt, müsste sich dieses ebenso verhalten wie die winzigen, es umgebenden Moleküle. Das Zappeln und Herumflitzen des Probe-Partikels jedoch ließe sich wegen seiner relativen Größe mit einem Lichtmikroskop beobachten. Man könnte so die Wärmebewegung sichtbar machen.

Einstein entwickelte eine statistische Methode, mit der er das Verhalten der Moleküle beschreiben konnte. Diese stoßen unablässig mit dem größeren Kügelchen zusammen und schubsen es hin und her. Das erklärte die von Brown beobachtet Zitterbewegung. Wenn es nun in der Flüssigkeit Dichteunterschiede gibt, wird das Teilchen zwar weiterhin hin und her tanzen, im Laufe der Zeit sich jedoch langsam in die Richtung bewegen, in der die Dichte am kleinsten ist. Es folgt dem Konzentrationsgradienten. Dies ist der auch schon damals lange bekannte Vorgang der Diffusion. Das (makroskopische) Fortschreiten einer Diffusionsfront lässt sich auch ohne Mikroskop leicht beobachten. Gibt man einen Tropfen Tinte in ein Wasserglas, verhält sich jedes Tintenpartikel wie ein Brown'sches Teilchen, und alle zusammen breiten sich langsam im Wasser aus, bis es keine Konzentrationsunterschiede mehr gibt.

Einstein konnte diesen Vorgang auch mathematisch beschreiben. Besondere Bedeutung kam seiner Arbeit jedoch deshalb zu, weil man aus den Gleichungen

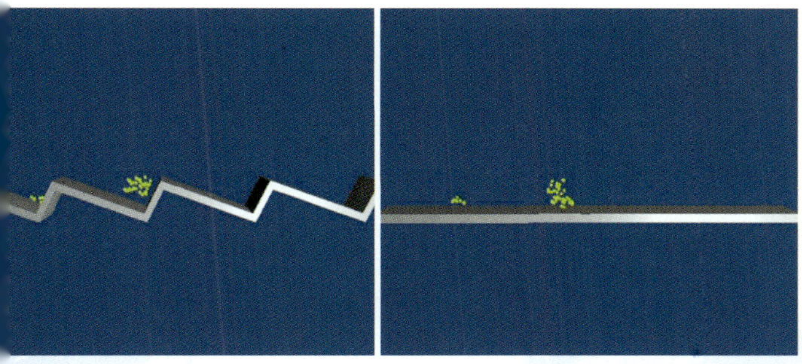

Mit diesem Versuchsaubau betreiben Münchener Wissenschaftler einen molekularen Motor, der mit Licht gespeist wird. (Bild: LMU München)

Aussagen über Größe der nicht sichtbaren Moleküle der umgebenden Flüssigkeit machen konnte und eine Fundamentalkonstane, die so genannte Avogadrozahl (die Anzahl der Moleküle in einer bestimmten Stoffmenge) bestimmen konnte. Diese bahnbrechende Arbeit wurde wenig später durch den französischen Forscher Jean Perrin aufgegriffen. Er experimentierte mit Brown'schen Teilchen und bestätigte 1908 Einsteins Theorie sehr genau. Damit ließ sich die Existenz von Atomen und Molekülen nicht mehr leugnen. Perrin erhielt hiefür 1926 den Nobelpreis für Physik.

Diffusionsvorgänge findet man fast überall in der Natur, nicht nur in Flüssigkeiten sondern auch in Gasen und in festen Körpern. Die gesamte moderne Entwicklung der Halbleiterindustrie und die Herstellung von Chips wäre ohne kontrollierte Diffusionsvorgänge undenkbar. Aber der kontrollierten Diffusion verdanken wir auch alkoholfreies Bier. Klimaforscher verwenden Einsteins Theorie, um die Ausbreitung von Schwebeteilchen in der Atmosphäre zu berechnen. Astronomen nutzen sie, um zu verstehen, auf welche Weise winzige Staubpartikel sich zu riesigen Planeten zusammenlagern. Man findet Einsteins Theorie in der Verkehrsforschung ebenso wie in der Ökologie und der Biologie. Keine andere Arbeit aus seinem Wunderjahr wurde so häufig zitiert wie diese. Und nicht zuletzt erhielt Einstein für seine Bestimmung von Molekülgrößen den lang ersehnten Doktortitel.

INFO

„BIER MACHT DUMM"

Einstein trank wenig Alkohol und wenn, dann nur zu gesellschaftlichen Anlässen. „Bier macht dumm", sagte er einmal. Es würde ihn deshalb sicher freuen, wenn er erführe, dass die heute angewandte Technik zur Herstellung von alkoholfreiem Bier auf seiner Theorie der Diffusion und Osmose beruht. Und das funktioniert so: Man erhitzt normales Bier, so dass der Alkohol verdunstet. Da hierbei aber auch Aromastoffe verfliegen, schmeckt dieses ausgekochte, entalkoholisierte Bier nicht. Man nutzt es jedoch, um normal gebrautem Bier den Alkohol zu entziehen. Hierfür lässt man das normale und das entalkoholisierte Bier aneinander vorbeiströmen, trennt sie aber dabei mit einer halbdurchlässigen Membran voneinander. Wegen der unterschiedlichen Alkoholkonzentrationen diffundieren Alkoholmoleküle vom normalen in das entalkoholisierte Bier, bis die Konzentration ausgeglichen ist. In einem geschlossenen Kreislauf wird nun das „ausgekochte" Bier aufs Neue erhitzt und wieder an der Membran entlang geleitet. Schritt für Schritt enthält man normales, ungekochtes Bier nahezu ohne Alkohol. Bei diesem Prozess kann man nicht anstelle von entalkoholisiertem Bier beispielsweise Wasser verwenden. Dann würden nämlich auch sämtliche Aromastoffe durch die Membran wandern. Und das Ergebnis wäre nicht nur alkohol- sondern auch ziemlich geschmacksfrei.
(Bild: photocase.de)

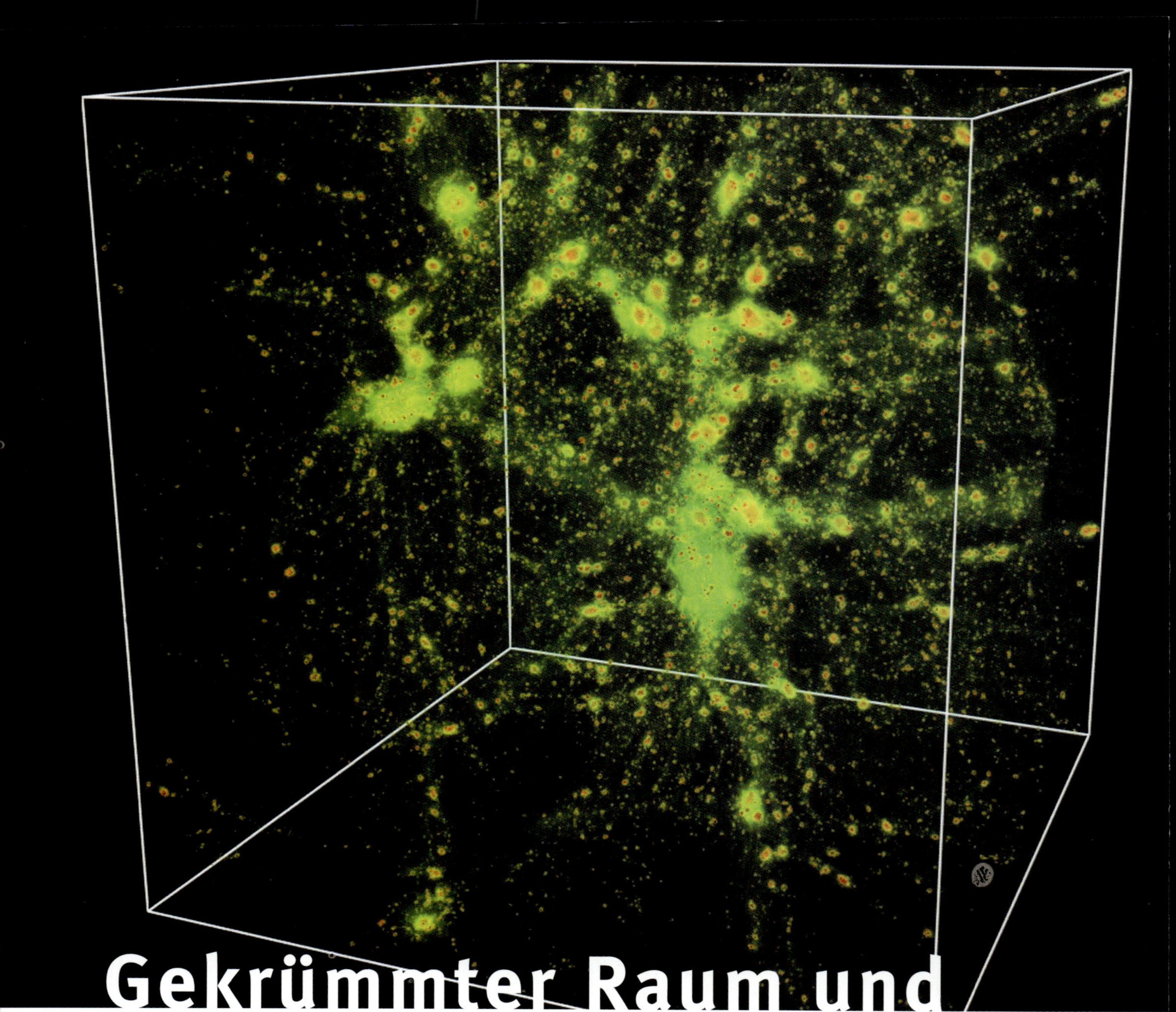

Gekrümmter Raum und gedehnte Zeit

„Wichtig ist, dass man nicht aufhört zu fragen."
EINSTEIN ZU EINEM STUDENTEN, 1955

Die Spezielle Relativitätstheorie hatte Raum und Zeit, Energie und Materie in einem ganz neuen Licht erscheinen lassen. Sie waren keine festen Größen mehr, sondern veränderten sich mit der Geschwindigkeit eines Beobachters. Alle neuen Gesetze galten jedoch ausdrücklich nur für Körper, die sich mit gleich bleibender Geschwindigkeit bewegen. Ende des Jahres 1915 veröffentlichte Einstein eine weitere Theorie, in der er nun auch gleichmäßig beschleunigte Bewegungen in das bisherige Weltbild mit einbezog. Das Ergebnis war eine neue Theorie der Schwerkraft, die Allgemeine Relativitätstheorie.

Der entscheidende Gedanke war Einstein schon 1907 gekommen. „Ich saß auf meinem Stuhl im Patentamt in Bern. Plötzlich hatte ich einen Einfall: Wenn sich eine Person im freien Fall befindet, wird sie ihr eigenes Gewicht nicht spüren. Ich war verblüfft. Dieses einfache Gedankenexperiment machte auf mich einen tiefen Eindruck. Es führte mich zu einer Theorie der Gravitation".

Einstein faszinierte die Vorstellung, dass die Schwerkraft im freien Fall, in dem sich ein Körper beschleunigt bewegt, aufgehoben ist. Schwerkraft und Beschleunigung sind „wesensverwandt". Physikalisch lassen sie sich gar nicht voneinander unterscheiden, wie man sich leicht klarmachen kann. Wenn ein Mensch in einem rundum geschlossenen Kasten steht, so kann er nicht entscheiden, ob er auf dem Erdboden ruht und die Schwerkraft ihn nach unten zieht, oder ob der Kasten ein Raumschiff ist, das sich stark beschleunigt nach oben bewegt und ihn deshalb auf den Boden drückt.

Aus dieser so genannten Äquivalenz von Schwerkraft und Beschleunigung lassen sich viele der erstaunlichen Erkenntnisse der Allgemeinen Relativitätstheorie ableiten. Hierzu ein weiteres Gedankenexperiment.

Stellen wir uns ein Raumschiff vor, in dem ein Lichtstrahl von der linken zur rechten Wand läuft. Fliegt die Rakete mit gleich bleibender Geschwindigkeit, so läuft der Lichtstrahl in gerader Linie von einer Wand zur anderen, denn nach der Speziellen Relativitätstheorie ist ein gleichmäßig fliegendes Raumschiff von einem ruhenden nicht zu unterscheiden.

Schwerkraft oder Beschleunigung? In einem rundum geschlossenen Raum ist es nicht zu unterscheiden, ob die Schwerkraft eines Planeten oder eine Beschleunigung nach oben die im Raum befindliche Masse gen Boden zieht. (Illustration: iserundschmidt, Timo Meyer)

Dunkle Materie stellt den Großteil aller Massen im Kosmos, verrät sich jedoch nur durch ihre Gravitationswirkung auf andere Objekte. Wissenschaftler von der Universität Princeton haben die großräumigen Strukturen der Dunklen Materie in dieser Simulation einmal sichtbar gemacht. Das filigrane Netz aus dichten (rot) und weniger dichten Strukturen (grün) erstreckt sich hier in einem Würfel mit ganzen 121 Millionen Lichtjahren Kantenlänge. (Bild: Dr. Renyue Cen, Princeton University)

Verformung der Raumzeit in der Nähe einer kugelförmigen Masse: ein „Gravitationstrichter". (Bild: iserundschmidt)

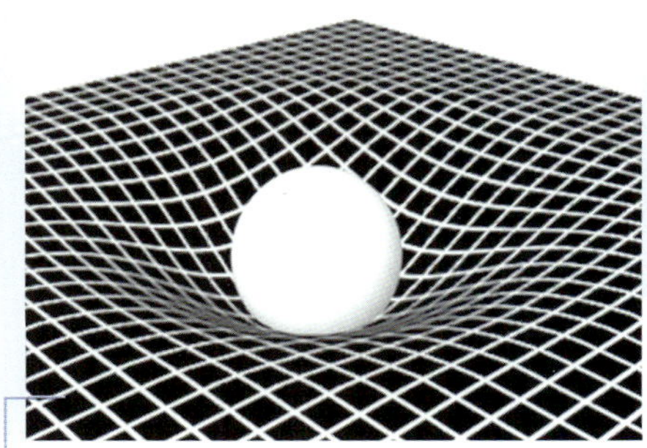

INFO

ZEITTAFEL

1908 Habilitation und Privatdozent an der Universität Bern.

1909 Außerordentlicher Professor an der Universität Zürich.

1914 Preußische Akademie der Wissenschaften in Berlin.

1915 Allgemeine Relativitätstheorie.

1919 Februar: Scheidung von Mileva. Juni: Heirat mit Elsa.

1922 Verleihung des Physik-Nobelpreises für das Jahr 1921.

1933 Nach der Machtergreifung der Nationalsozialisten Emigration in die USA.

1939 Einstein empfiehlt Präsident Roosevelt den Bau einer Atombombe.

1940 Amerikanischer Staatsbürger. Am Bau der Atombombe ist er nicht beteiligt.

1945 Einstein setzt sich für eine Weltregierung ein.

18. April 1955 Einstein stirbt im Princeton Hospital. Seine Asche wird an einem unbekannten Ort verstreut.

Nun zünden die Triebwerke, die Rakete wird beschleunigt: Während der Lichtstrahl die Kabine durchquert, schießt die Rakete beschleunigt nach oben. Als Folge davon trifft der Strahl etwas weiter unterhalb als zuvor auf die rechte Wand. Aus der Sicht eines mitfliegenden Astronauten legt das Licht eine gekrümmte Strecke zurück. Nach dem Äquivalenzprinzip sind physikalische Effekte bei beschleunigter Bewegung und Schwerkrafteinfluss aber gleich. Nach Einsteins Überlegung wird daher Licht auch durch die Schwerkraft beispielsweise eines Himmelskörpers abgelenkt.

Diese Erkenntnis war für Einstein ganz entscheidend. Nach jahrelangem Grübeln kam er zu dem Schluss, dass Materie nicht nur Lichtwege krümmt, sondern den Raum um sich herum verbiegt. Je schwerer ein Körper ist, und je näher man ihm kommt, desto stärker ist die Krümmung. Man kann sich dies an einem straff gespannten Gummituch veranschaulichen. Es stellt den um eine Dimension verringerten Raum dar, so dass er nun als Fläche erscheint. Ohne Materie ist das Tuch eben. Legt man aber eine Eisenkugel hinein, die einen Himmelskörper darstellen soll, so erzeugt diese um sich herum eine Mulde. Sie entspricht der Raumkrümmung. Alle Körper und auch Licht, die von außen her sich auf diesen Himmelskörper zubewegen, müssen also sein ihn umgebendes eingedelltes Raumgebiet auf einer krummen Bahn durchqueren. Sind sie zu langsam, werden sie in der Raumdelle eingefangen. Der Mond läuft also deshalb um die Erde, weil die Raumkrümmung ihn auf seiner Bahn hält. Im „Gravitationstrichter" der Erde ist er gefangen wie ein Hamster im Laufrad.

Die Theorie der Raumkrümmung wurde 1919 durch eine spektakuläre astronomische Beobachtung bestätigt. Das Verfahren funktioniert auf folgende Weise: Während einer totalen Sonnenfinsternis werden – weil die Sonne abgedunkelt ist – in der Umgebung der Sonne einige Sterne sichtbar, deren Positionen nun sehr genau vermessen werden können. Nach der Allgemeinen Relativitätstheorie laufen die Lichtstrahlen von diesen Sternen her auf dem Weg zur Erde durch das Schwerefeld unseres abgedunkelten Tagesgestirns und beschreiben in seinem Gravitationstrichter einen Bogen. Dies hat zur Folge, dass die entsprechenden Sternpositionen nun geringfügig verschoben erscheinen relativ zu den Positionen, die man durch Vergleich mit einer zweiten Aufnahme desselben Himmelsfeldes ermittelt. Diese zweite Aufnahme macht man zu einem anderen Zeitpunkt, beispiels-

INFO

EINSTEIN-KREUZ

Das Einstein-Kreuz besteht aus vier Bildern eines mehrere Milliarden Lichtjahre entfernten Quasars. Sie entstehen durch die Gravitationslinsenwirkung einer Galaxie, deren Zentrum sich genau in der Mitte des Einstein-Kreuzes befindet. (Bild: NASA/ESA)

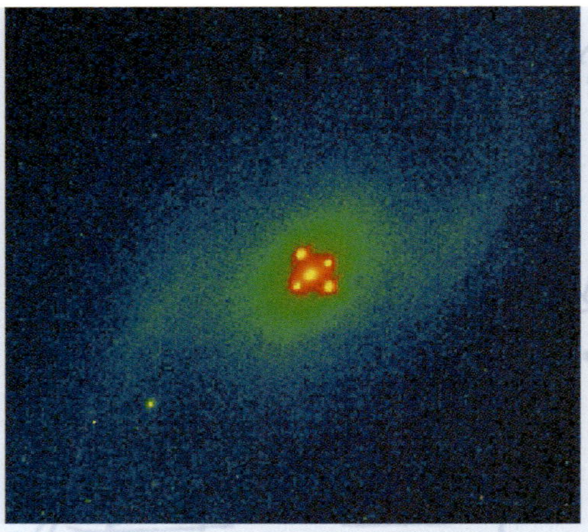

INFO

KOSMISCHE BRENNGLÄSER

Im Gravitationsfeld des Galaxienhaufens Abell 2218 wird das Licht dahinter befindlicher Galaxien so stark abgelenkt, dass diese als blaue Bögen erscheinen. Dieser Gravitationslinseneffekt ist einerseits ein Beleg für die Richtigkeit der Allgemeinen Relativitätstheorie. Andererseits nutzen Astrophysiker ihn, um die Masse von Galaxienhaufen zu bestimmen. Auf diese Weise lässt sich beispielsweise unsichtbare, so genannte Dunkle Materie nachweisen. (Bild: NASA/ESA)

weise nachts, wenn die Sonne sich an einer ganz anderen Position befindet, und ihr Gravitationsfeld dann keinen Einfluss mehr auf das Licht der betroffenen Sterne hat.

Am 6. November 1919 wurde das Ergebnis einer solchen Beobachtung veröffentlicht. Es bestätigte Einsteins Vorhersage. In Windeseile verbreitete sich die Nachricht überall. Große Zeitungen überboten sich geradezu in ihren Schlagzeilen: The Times, 7. November: „Wissenschaftliche Revolution. Neue Theorie des Universums. Newtons Vorstellung umgestürzt". The New York Times, 10. November: „Lichter am Himmel alle schief".

Über Nacht war Einstein weltberühmt geworden. Von nun an wurde jeder „Piepser zum Trompetensolo", wie er später sagte. Seinem Freund Max Born schrieb er: „Gegenwärtig debattiert jeder Kutscher und jeder Kellner, ob die Relativitätstheorie richtig sei".

Bis heute bestätigen alle Experimente und astronomischen Beobachtungen die Allgemeine Relativitätstheorie. Und viele faszinierende Entdeckungen lassen sich nur im Lichte dieser Naturbeschreibung verstehen. So erscheinen uns ferne Galaxien bogenförmig verzerrt, wenn ihr Licht auf dem Weg zu uns ein Gebiet mit starker Raumkrümmung durchläuft. Solche Gravitationslinsen hat man vielfach in Galaxienhaufen gefunden.

Und auch die moderne Kosmologie, die Theorie des Urknalls, bei dem Raum, Zeit und Materie entstanden sind, sowie die Vorstellung eines sich stetig ausweitenden Universums – all dies ist Allgemeine Relativitätstheorie pur.

Kein GPS ohne Einstein

Nicht nur der Raum, sondern auch die Zeit ist von der Gravitation betroffen. Einstein fand heraus, dass die Zeit umso langsamer vergeht, je stärker das Schwerefeld sprich die Raumkrümmung ist. Einfach gesagt: Eine Uhr an der Nordsee läuft langsamer als auf dem Himalaja. Dieser Effekt ähnelt dem in der Speziellen Relativitätstheorie beschriebenen Einfluss hoher Geschwindigkeiten, ist jedoch unabhängig davon. Beide Phänomene können sogar gleichzeitig auftreten und sich gegenseitig beeinflussen.

Die spektakulären Gravitationseffekte wie Raumkrümmung und Zeitdehnung kommen nur in der Umgebung extrem großer Massekonzentrationen wie Schwarzen Löchern oder Neutronensternen, zum Tragen. Es gibt jedoch eine moderne technische Anwendung, die ohne Einsteins Erkenntnisse aus der Speziellen und der Allgemeinen Relativitätstheorie nicht funktionieren würde: das Global Positioning System, kurz GPS. Es arbeitet mit 24 Satelliten, die in 20.000 Kilometer Höhe in 56 Grad zur Äquatorebene geneigten Bahnen – 6 an der Zahl – die Erde umkrei-

⇠ So würde es aussehen, wenn ein Schwarzes Loch vor der Erde vorbeiziehen würde. (Bild: Theoretische Astrophysik, Universität Tübingen)

⇢ Der erste israelische Ministerpräsident David Ben-Gurion stattete während seiner USA-Reise am 15. Mai 1951 dem Physiker Albert Einstein in dessen Haus in New Jersey einen Besuch ab. (Bild: Picture-Alliance/dpa)

INFO

ISRAELISCHER PRÄSIDENT WIDER WILLEN

Am 9. November 1952 starb Chaim Weizmann, der erste Präsident Israels. Umgehend brachten israelische Zeitungen Einstein als idealen Nachfolger ins Spiel. Als dieser hiervon bei einem Essen erfuhr, rief er sofort in der israelischen Botschaft in Washington an und erklärte, dass er für dieses hohe Staatsamt völlig ungeeignet sei und ablehne. Damit alles seinen ordentlichen Gang ging, erhielt Einstein pro forma eine offizielle Anfrage, die er dann ebenfalls ganz offiziell ablehnte. Unter anderem meinte er, „weder die natürlichen Fähigkeiten noch die Erfahrung im richtigen Verhalten zu Menschen in der Ausübung offizieller Funktionen“ zu haben, um dieses hohe Amt angemessen führen zu können. Davon war wohl auch Ministerpräsident Ben Gurion überzeugt, denn seinem Sekretär soll er zuvor gesagt haben: „Was sollen wir tun, wenn Einstein annimmt? Wir kommen in die größten Schwierigkeiten.“

⇣ Das zukünftige europäische Satellitennavigationssystem Galileo würde ohne Kenntnis der Relativitätstheorie nicht funktionieren. (Bild: ESA)

sen und hochgenaue Zeitsignale aussenden. Ein GPS-Empfänger auf der Erde bestimmt aus der Dauer, die die Signale von 4 Satelliten (die er mindestens gleichzeitig „sehen“ muss) bis zu ihm benötigen, seine Position auf der Erde. Navigationssysteme im Auto basieren darauf.

Nun umkreisen die Satelliten die Erde mit 14000 km/h. Deshalb gehen ihre Uhren nach der Speziellen Relativitätstheorie um 7 Millionstel Sekunden pro Tag langsamer als eine Uhr auf der Erde. Gleichzeitig ist die Schwerkraft in 20.000 Kilometer Höhe erheblich geringer als auf der Erdoberfläche. Wegen der Allgemeinen Relativitätstheorie läuft deshalb die Satellitenuhr um 46 Millionstel Sekunden schneller als auf dem Boden. Unter dem Strich gehen die Uhren in der Umlaufbahn also um 39 Millionstel Sekunden pro Tag schneller als ihr Pendant am Boden. Diesen Effekt berücksichtigt man bereits beim Bau der Uhren. Würde man dies nicht tun, so würde das GPS mit jedem Tag um jeweils elf Kilometer weiter vom richtigen Ort abweichen. Nach fünf Tagen wüsste das Navigationssystem im Auto schon nicht mehr, ob es sich in Düsseldorf oder Bonn befindet. Viele Autofahrer haben also ein hoch genaues Experiment an Bord, das Tag für Tag die Präzision der Relativitätstheorie bestätigt. Auch die Höhe von einem Berg, auf dem wir mit einem GPS System stehen, lässt sich mit GPS bestimmen – demnächst auf einen Zentimeter genau! Oder wir können einen versteckten Schatz auffinden, wenn die Koordinaten seines Verstecks bekannt sind. Einstein regiert unser tägliches modernes Leben. Aber wer weiß das schon?

Einsteins Vermächtnis

Nachdem die Allgemeine Relativitätstheorie eindrucksvoll bestätigt war, widmete sich Einstein fast nur noch einem einzigen Ziel: Er wollte die Elektrodynamik, die die elektrischen und magnetischen Kräfte beschrieb, und die Relativitätstheorie zu einer Ur-Theorie vereinen. An dieser ehrgeizigen Aufgabe ist er gescheitert. Aus heutiger Sicht konnte er gar nicht erfolgreich sein, weil er die von ihm so ungeliebte Quantenmechanik nicht mit einbezog.

Dennoch hat Einstein mit der Idee einer einheitlichen „Theorie für Alles“ ein schweres Erbe hinterlassen. Theoretiker auf der ganzen Welt, wie etwa Stephen Hawking, versuchen seit Jahrzehnten für die Gravitation und die Quantenmechanik eine einheitliche Beschreibung zu finden. Bislang ohne Erfolg. Wie es scheint, muss erst ein neuer Einstein kommen, der die heutige Physik umkrempelt – indem er beharrlich die richtigen Fragen stellt.

Spiel der Kräfte

Kräfte, die im Kleinen walten

„Kraft macht keinen Lärm, sie ist da und wirkt.“

Albert Schweitzer (1875 - 1965), Arzt und Friedensnobelpreisträger

An der Entstehung des Lebens auf der Erde war die Schwerkraft maßgeblich beteiligt. Nicht nur, weil sie die Atmosphäre inklusive Wasserdampf und damit das Wasser festhielt – Planeten mit geringerer Schwerkraft wie der Mars haben davon nur noch kümmerliche Reste, der Mond verfügt über kaum mehr als ein Vakuum. Die Schwerkraft hat auch die Form der Lebewesen mitbestimmt. Denn wer sich in einem Schwerefeld erheben will, braucht eine Stütze – ein Skelett oder eine feste Außenhaut. Um derlei anfertigen zu können, musste die Natur harte Materialien in ihren Dienst stellen: Minerale, die sie mit den feinen Kräften der Kristallisation in eine geeignete Form bringen konnte. Weithin verfügbares Baumaterial waren Verbindungen des Calciums wie Calcit und Aragonit, beides Calciumcarbonate ($CaCO_3$). Perlmutt zum Beispiel besteht aus winzigen Aragonitkriställchen, die allein sehr spröde daher kommen, in Muscheln aber mit schraubenartigen, hochelastischen Proteinen verkittet sind. Kleinste Beimischungen von Protein genügen bereits, um den Panzer der Abalone – ein Weichtier, das zum Beispiel vor der Küste Südafrikas lebt – tausendfach bruchzäher als reinen Calcit zu machen. Auch Seeigel verstärken so ihre langen Stachel und strotzen damit der heftigen Brandung. Deshalb hat auch die moderne Werkstoffforschung die marine Fauna fest im Auge.

Abalonen sind die wichtigsten Perlmutt-Lieferanten. (Bild: Suzy Coppens, BergerhofStudios)

Ähnlich meisterlich gestaltet: der Schwimmtank des Tintenfisches. Um ohne Kraftaufwand in der Schwebe bleiben zu können, verfügt das Tier über einen Schwimmkörper aus Calciumcar-

↞ „Van-der-Waals-Kräfte“ halten Geckos an der Decke. Die flinken Kletterer kommen somit ohne Klebstoff oder Saugnäpfe aus. (Bild: S. Gorb, MPI für Metallforschung, Stuttgart)

↓ Der Seestern *Ophiocoma wendtii* gab lange Rätsel auf, denn er flüchtete zielgerichtet, ohne einen erkennbaren Sehsinn zu haben. Dann wurden gleich tausende Augen entdeckt: Perfekte Mikrolinsen aus Calciumcarbonat. Sie geben Rundumblick und obendrein Panzerung. (Bilder: Bell Labs, USA)

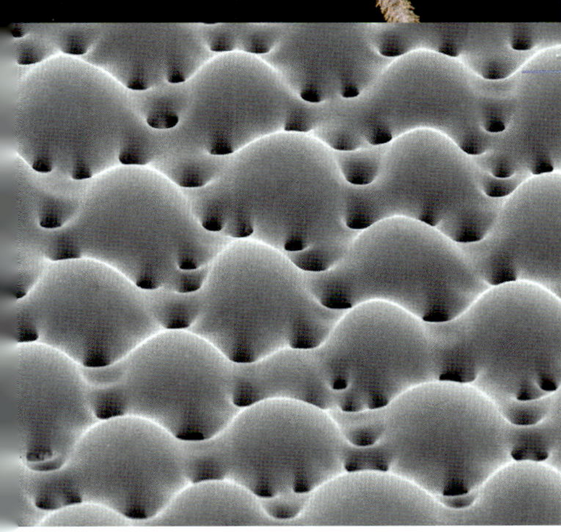

↑ Die Schwimmtanks von Tintenfischen sind typisches Strandgut. In Tierhandlungen werden sie als Schleifsteine für die Schnäbel von Kanarienvögeln angeboten. (Bild: iserundschmidt)

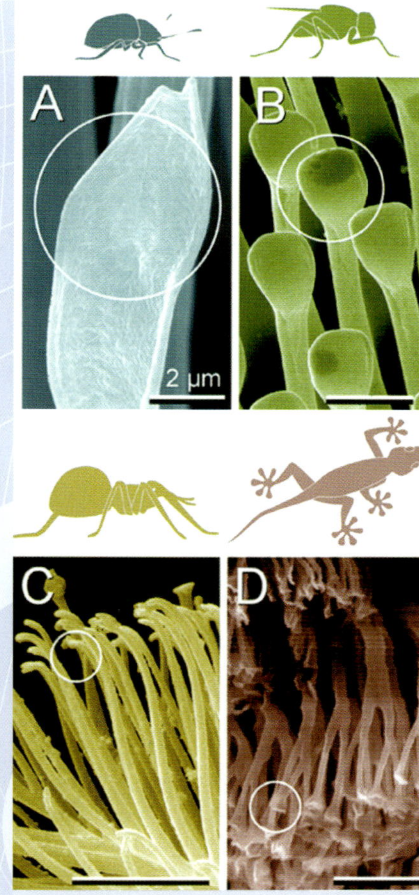

bonat mit mikrometerfeinen Kammern. Dieser Tank ist nach Art der Honigwaben-Sandwichbleche strukturiert, wie sie im Flugzeugbau Verwendung finden. Infolgedessen hält der großenteils mit Stickstoff gefüllte Tank – seine Poren nehmen 90 Prozent des Volumens ein – noch dem Wasserdruck in 200 Metern Tiefe stand. Als „Schulp“ oder „Sepia-Schulp“ ist das biotechnologische Wunder im Tierhandel erhältlich – und zwar als Wetzstein, an dem sich Käfigvögel den Schnabel schärfen können. Gemahlen dient das Material als Zugabe für Zahnpasta.

Welcher Kräfte bedient sich die Natur bei der Gestaltung solcher Kunstwerke? Zum einen richten die Lebewesen für die zunächst im Meerwasser gelösten Minerale Reaktionskammern aus Proteinen ein. Wenn die Minerallösung dann per chemischen Trick dazu gebracht wird, etwa Calciumcarbonat als Aragonitkriställchen abzuscheiden, passt sich deren Gestalt der Form der Proteinhülle an. Und dann können Lebewesen offenbar auch Proteinunterlagen bilden, auf denen Kristalle gerne zu wachsen beginnen – mitunter so präzise kontrolliert, dass die Kristalle optische Qualität haben. So zu sehen beim Seestern, genauer: Schlangenstern, *Ophiocoma wendtii*, der einen Panzer aus Kalkplättchen besitzt, die sich beim genaueren Hinsehen als Mikrolinsenfelder von bestechender Qualität herausstellen. Der Körper des Haarsterns ist tat-

INFO

HAARIGE SACHE

Geckos können Wände hinauflaufen, kopfunter über die Decke flitzen und mit einem einzigen Fuß an ihr hängen bleiben. Das geht mit – natürlich – Nanotechnologie. Der Geckofuß nämlich hat haarige Strukturen an den Füßen. Die feinen Härchen sind so anschmiegsam, dass sie sich der Unterlage über weite Strecken auf wenige Nanometer nähern können. Dann beginnt die so genannte Van-der-Waals-Kraft zu wirken. Deren Ursache sind klitzekleine Ladungsschwankungen: in den Atomen von Gecko-Pfote und Unterlage schaukeln Ladungen derart hin- und her, dass sich eine Anziehung ausbildet. Die ist eigentlich sehr schwach, trägt aber die Gecko-Tatze dank Millionen von Haftpunkten. Die Bindungen lassen sich durch „Abschälen“ leicht lösen, so, wie man einen Tesafilm abzieht. Derart bestückt kann der Gecko die Decke entlang krabbeln. Spinnen und andere Krabbler scheinen sich eines ähnlichen Prinzips zu bedienen. Materialwissenschaftler freuen sich schon darauf, dieses klebstofffreie Verfahren technisch zu nutzen – etwa für Haftzettel. (Bilder: MPI für Metallforschung, Stuttgart)

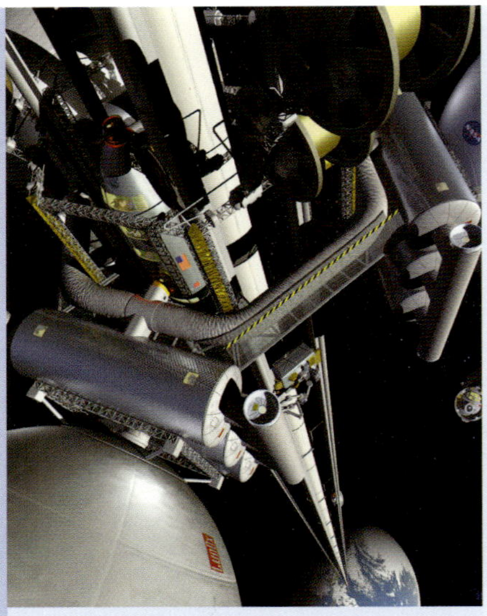

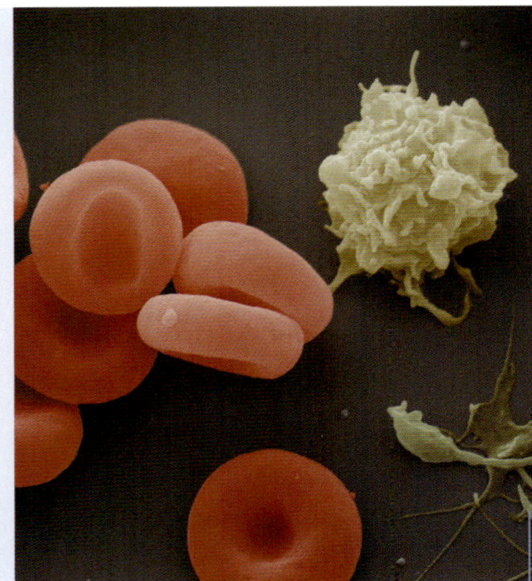

Weiße Blutkörperchen – hier ein Exemplar im Kreise roter Verwandter – hangeln sich per Klebetechnik Blutgefäße entlang. (Bild: eye of science)

Ketten aus Magnetitkriställchen dienen Magnetbakterien als Kompass (Bild: Institut für Geophysik, LMU München)

INFO

PER SEILAKT IN DEN ORBIT

Kohlenstoff ist der Natur ein wichtiges Baumaterial und etwa in der Hülle biologischer Zellen reichlich vertreten. In der Technik wiederum kommen Kohlefaser-Verbundstoffe immer mehr zum Einsatz. Sie sind leicht, enorm belastbar und werden im Flugzeugbau sehr geschätzt. Eine neue Kohlenstoff-Variante könnten diesen Matrialien eines Tages den Rang ablaufen: „Nanotubes“. Diese winzigen Kohlenstoff-Schläuche, Millionstel Millimeter im Durchmesser, sollen sich zu einem hochfestem Garn verspinnen lassen: das Verhältnis von Zugfestigkeit zu Gewicht ist angeblich 500-mal besser als bei Stahl. Deshalb lässt die US-Raumfahrtbehörde NASA mit vollem Ernst ein Vorhaben prüfen, das – eine Art indischen Seiltrick nutzend – auf einen „Fahrstuhl zu den Sternen“ hinausläuft. Demnach wird ein Strang aus Nanotube-Verbundmaterial per Raketentechnik in den Orbit gehievt. Das eine Ende befände sich in zigtausend Kilometern Höhe, das andere wäre an einem äquatornahen Punkt im Pazifik verankert. Die von der Erde weg gerichtete Fliehkraft hielte das Band straff. An ihm entlang könnten Nutzlasten in den Orbit bewegt werden. Viele Wissenschaftler mögen daran nicht so recht glauben. Aber das Projekt könnte nützliche Nebenprodukte abwerfen, wie hochfeste Verspannungen für Hochhäuser, Brücken und – natürlich – für Fahrstühle. (Bild: NASA)

sächlich ein Komplexauge, dank dessen das stachelige Tierchen quasi Rundumsicht genießt.

Bakterien mit Kompass

Eine weitere Variante biomineralogischer Technologie entdeckte 1975 Richard Blakemore – damals Doktorand der Mikrobiologie an der University of New Hampshire in Durham, USA –, als er durch ein Mikroskop spähte, um hinter die Eigenheiten von Schlamm bewohnenden Bakterien zu kommen. Die untersuchten Wasserproben stammten aus einem marinen Küstensumpf in der Nähe von Woods Hole, Massachusetts. Blakemore fiel auf, dass einige der Mikroorganismen stets in die gleiche Himmelsrichtung schwammen. An den Lichtverhältnissen konnte es nicht liegen, denn die Winzige behielten ihren Kurs, auch wenn man einen dunklen Karton über das Mikroskop stülpte. Ein Wechsel des Laboratoriumsraumes zeigte gleichfalls keinen Einfluss. Es schien schließlich, dass sich die Bakterien am Erdmagnetfeld orientierten.

Dass Magnetismus die treibende Kraft war, ließ sich leicht demonstrieren, mittels eines Permanentmagneten. Wenn man einen Magneten in Nähe der Bakterien brachte, bewegten sich diese auf jenen Teil des Magneten zu, der auch die nordsuchende Seite einer Kompassnadel anzog. Den anderen Pol des Magneten mieden sie nach Kräften.

Ein Elektronenmikroskop enthüllte letztlich das Geheimnis der Bakterien: Sie enthielten Ketten winziger Nano-Partikel, die offenbar als Kompassnadel dienten. Die genauere Analyse führte eine vertraute Verbindung zu Tage: Magnetit (Fe_3O_4). Das Mineral war frühen Seefahrern als „Leitstein“ bekannt, der wie eine Kompassnadel die Richtung wies, wenn man ihn

⇢ Mit selbstreinigenden Blättern schützt sich der Lotus vor Bakterien und Pilzsporen: genauso wie Schmutz und Staub werden Schädlinge vom Regen einfach weggespült. An Lotus-Blättern finden selbst Klebstoffe auf Wasserbasis keinen Halt. (Bilder: W. Barthlott, Nees-Inst. für Biodiversität der Pflanzen, Uni Bonn)

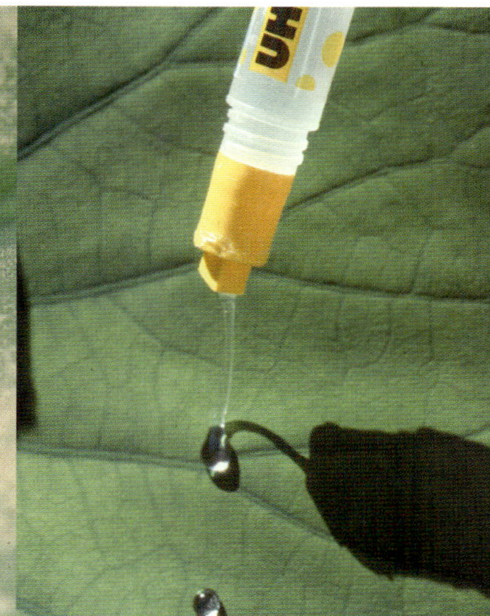

⇣ Pflanzenkanäle unter dem Mikroskop: Das Forisom (rot), eine Art Minimuskel, bläht sich bei Bedarf auf wie ein Ballon und versperrt damit den Saftransport durch die so genannte Siebplatte (blau). So verhindert die Pflanze ein „Auslaufen" bei Verletzung. (Bild: Fraunhofer Gesellschaft)

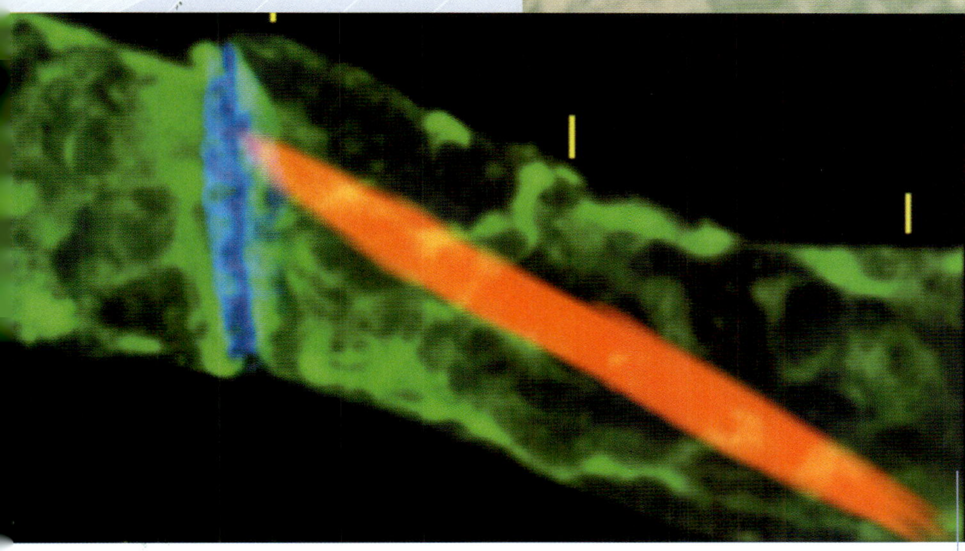

INFO

ANTI-HAFTUNG

Manchmal soll etwas eben nicht haften, z. B. Schmutz. Die Lotus-Pflanze hat sich, wie die Brunnenkresse und andere reinliche Kräuter, dazu den Lotus-Effekt einfallen lassen. Felder aus winzigen wachsartigen Noppen – sichtbar nur unter dem Mikroskop – lassen Wassertropfen so rasch abperlen, dass schwach haftende Schmutzpartikel mitgerissen werden. Der Effekt wird bereits für Außenanstrichfarbe und Sprays genutzt.

drehbar an einen Faden hängte. Heute weiß man: Magnetbakterien navigieren entlang des Erdmagnetfelds, das ja auch eine in den Boden führende Komponente besitzt, in für sie günstige Schlammschichten.

Magnetische Bakterien werden heute überall gefunden, sie sind keineswegs selten. Am Institut für Allgemeine und Angewandte Geophysik der Universität München gibt es ein „Magnetodrom", ein Spulensystem um ein Mikroskop herum, das sich mit einem Joystick einstellen lässt. Damit können Wissenschaftler die Bakterien Walzer tanzen lassen, etwa wenn das Fernsehen kommt. Ansonsten betreiben sie ernsthafte Forschung. Magnetbakterien etwa fixieren das gerade vorhandene Magnetfeld der Erde, wenn sie am Ende ihres Lebens ermattet zu Boden sinken. Damit erweisen sie der Wissenschaft einen großen Dienst, weil die an ihren Überresten die Geschichte des – für uns so lebenswichtigen – Erdmagnetfeldes studieren kann.

Die Biologie des Klebens

Leben existiert, weil seine Bestandteile von raffinierter Klebekunst zusammen gehalten werden. Dabei klebt nur zusammen, was zusammen gehört, und manchmal klebt es nur ein bisschen, und manchmal geschieht das Kleben auf Befehl. Beispiel Mückenstich: Zunächst wird die Einstichstelle rot, weil sich feinste Blutgefäße erweitern. Außerdem sondern die Zellen am Einstichort einen Lockstoff ab. Abhängig von dessen Konzentration fahren die Zellauskleidungen der Blutgefäße und die Weißen Blutkörperchen, die im Blutstrom treiben, aufeinander abgestimmte Klebemoleküle aus. Infolgedessen heften sich die Weißen Blutkörperchen – sie zählen zu den Truppen des Immunsystems – an die Gefäßwand. Zunächst haften sie so schwach, dass der Blutfluss sie langsam weiter rollt. Erst bei Lockstoff-Höchststand docken sie fest an die Gefäßwand. Andere Klebemoleküle ziehen die Blutkörperchen nun durch die Ader zur Einstichstelle, wo sie sich über etwaige Eindringlinge hermachen – Klebekunst in Vollendung. Nanotechnologische Imitate werden unter dem Stichwort „Kleben auf Kommando" erforscht.

Nanotechnologie könnte nicht nur Kleistern zu neuem Haftvermögen verhelfen, ihrem namengebenden Maßstab gemäß – ein Nanometer ist der Millionste Teil eines Millimeters – sind auch winzige Motoren von Interesse, etwa jene, die Mikroben vorantreiben. Als ein besonders viel versprechender Nano-Motor bzw. Muskel gilt ein „Forisom" genannter Komplex aus Pflanzenproteinen, der in Leguminosen wie Bohnen und Erbsen den Fluss von Nährlösung reguliert. Die wandert in

Frühstücksei mit einer Prise Salz (Bild: Suzy Coppens, BergerhofStudios)

Messfühler eines Kraftmikroskops: Die Tastspitze (nach unten zeigender Zacken) ist nur einige Tausendstel Millimeter lang. Forscher ertasten damit die Nanowelt. (Bild: NanoAnalytics, Münster)

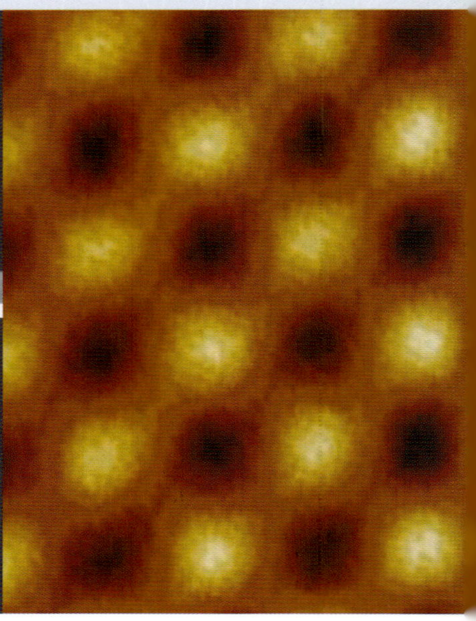

Salzkristall unter dem Kraftmikroskop: Die gelbe Kreise sind einzelne Atome und nur Bruchteile eine Millionstel Millimeters groß. (Bild: Experimentalphysik VI, Uni Augsburg)

INFO

SENSIBLER KRAFTMESSER

Nomen ist Omen: ein Kraftmikroskop ist nichts anderes als ein extrem empfindlicher Kraftfühler. Die Geräte sind aus den Labors der Nanowissenschaftler nicht mehr wegzudenken und dürften musikalische Nostalgiker an Plattenspieler erinnern: Herzstück jedes Kraftmikroskops ist eine winzige Blattfeder – gleichwohl um einiges kleiner als übliche Tonabnehmer – die an ihrem Ende mit einer feinen Tastspitze ausgestattet ist.

Gewöhnliche Mikroskope nutzen das Licht, um filigrane Details eines Objektes sichtbar zu machen. Beim Kraftmikroskop sind es die Kräfte zwischen Messspitze und Objekt, die mitunter Atom für Atom auf den Bildschirm zaubern. Dazu streicht der Sensor wie ein Taststock über das Objekt der Begierde: etwa ein Salzkristall, vielleicht auch eine Biomembran – die Geräte sind vielseitig einsetzbar. Ihr Messsignal lässt sich in ein Abbild der Oberfläche umsetzen.

Spezielle Varianten können noch mehr: etwa einzelne Biomoleküle auseinander zerren und so die Geheimnisse der molekularen Bindung enthüllen.

einem weit verzweigten Kanalsystem durch die Pflanze. Wird das Gewächs verletzt, tritt der „Pflanzenmuskel" in Aktion, schwillt an und verschließt als Pfropfen die offenen Transport-Kanälchen: der nahrhafte Saft bleibt der Pflanze erhalten. Einzelne Forisomen können Kräfte entfalten, die einem Gewicht von rund 10 Mikrogramm gleichkommen. Dies reicht zwar kaum um ein Sandkorn zu stemmen, könnte aber genügen, um bei einer „intelligenten" Medikamentenkapsel auf Kommando die Schleusen zu öffnen.

Physik im nassen Sand

Wenn Nanotechnologen daran gehen, winzige Maschinen zu bauen, werden sie auch mit der „Casimir-Kraft" – einem Cousin der Van-der-Waals-Kraft (s. Gecko) – rechnen müssen. Die wurde in den 1940er Jahren von dem Niederländer Hendrik Casimir (1909 - 2000) und Kollegen an den Philips-Forschungslaboratorien entdeckt. Die Wissenschaftler wunderten sich über Aufschlämmungen von Quarzsand, die für die Glühbirnenproduktion gebraucht wurden, und sich anders verhielten, als von der Theorie vorhergesagt. Als Ursache entpuppte sich eine bislang unbekannte Kraft, die auftritt, wenn Materie eng zusammenrückt. Eng heißt: auf ein paar Nanometer. Dann kommt nämlich ein Effekt ähnlich dem zum Tragen, der Schiffe in bewegter See zueinander treiben kann. Allerdings wirkt beim Casimir-Effekt nicht der Druck des Wassers, sondern der von elektromagnetischen Wellen, die ständig aus dem Nichts entstehen und sofort wieder verschwinden – noch bevor sich jemand über die Verletzung des Energieerhaltungssatzes beschweren könnte. Die Quantentheorie nennt so etwas „Vakuumfluktuationen". Casimir-Kräfte können sowohl anziehend

Gummi, Reibung und Formelkolonnen: Bo Persson nimmt die Physik des Autoreifens unter die Lupe. Mit Perssons Theorie gerüstet, können Entwickler die Eigenschaften eines Reifens anhand einer kleinen Gummiprobe vorhersagen, nützlich nicht nur für den Motorsport. (Bild: FZ Jülich)

Entscheidend für den Erfolg in der Formel-1 ist das „Paket“: Fahrer und Wagen müssen zusammenpassen. Während beim Piloten Nervenstärke und Fahrgefühl gefordert sind, kommt es in Sachen Material unter anderem auf die Reifen an. (Bild: BMW)

als auch abstoßend wirken. Und sie sind auf jeden Fall groß genug, um künstliche – wenngleich winzige – Objekte in Bewegung zu setzen. Experimente Ende der 1990er haben das bewiesen.

Warum Schumi nicht quietscht

Fluktuationen oder Schwingungen spielen auch beim Krach eine Rolle – im Übrigen ein wesentliches Element der Formel-1. In der motorgetriebenen Kakophonie aber fehlt etwas, womit sich sportliche Autofahrer sonst gerne Aufmerksamkeit verschaffen: Es quietscht nicht oder doch nur selten. Das liegt daran, dass Rennreifen ganz auf Haftung ausgelegt sind, und Quietschen ist mitunter eine Folge mangelnder Haftung: der Pneu schlittert über den Asphalt, was er mit heftigem Qualmen und lautem Kreischen quittiert. Wenn sich der Reifen jedoch optimal an der Fahrbahn festkrallt, dreht er nicht durch und treibt den Boliden voran. Mithin kann, wer quietscht, nicht gewinnen. Inzwischen hat sich sogar die Wissenschaft der Kräfte zwischen Gummi und Fahrbahn angenommen. Und auch hier kommt es auf eine Abstimmung im Kleinen an. Bo Persson vom Forschungszentrum Jülich in der Nähe von Aachen hat ganze Seiten mit Formeln bedeckt, die die Rauigkeit der Oberflächen beschreiben, mit denen ein Reifen Kontakt bekommt – vom Zentimetermaßstab bis hinunter zu den Atomen. Dazu kommt jede Menge Mathematik, die die Kräfte im und am Reifen beschreibt, wie dieser die Hohlräume an der Oberfläche des Straßenbelags ausfüllt, wie Stöße das Material stauchen und dehnen und so fort. Am Ende, sagt Persson, müsse man nur noch ein paar Daten über die Struktur der Rennbahn und die an einem Stück Gummi gemessenen „viskoelastischen“ Eigenschaften eines Reifens in sein Formelwerk stecken – schon könne man etwa jene Reibungskräfte berechnen, mit denen Schumi durch die Kurve driftet. Der Nutzen von alledem: Mit den Jülicher Theorien sollte sich die Entwicklungszeit für neue Reifen erheblich verkürzen lassen.

Schumi quietscht im Übrigen auch deshalb nicht, weil Renngummis einen regelrechten Kleber abgeben, der die Reifen auf der Fahrbahn hält. Allerdings erschöpft sich dieser Kleber mit dem Verschleiß des Reifens. Weshalb Schumi und Kollegen auch immer wieder die Boxengasse ansteuern. Der gemeine Autofahrer hingegen möchte seine Pneus doch eher selten wechseln. Deshalb taugen Formel-1-Rezepturen nicht gerade für den Alltagsbetrieb. Die Theorie der Reifenreibung aber schon, weshalb sich namhafte Reifenhersteller dafür interessieren.

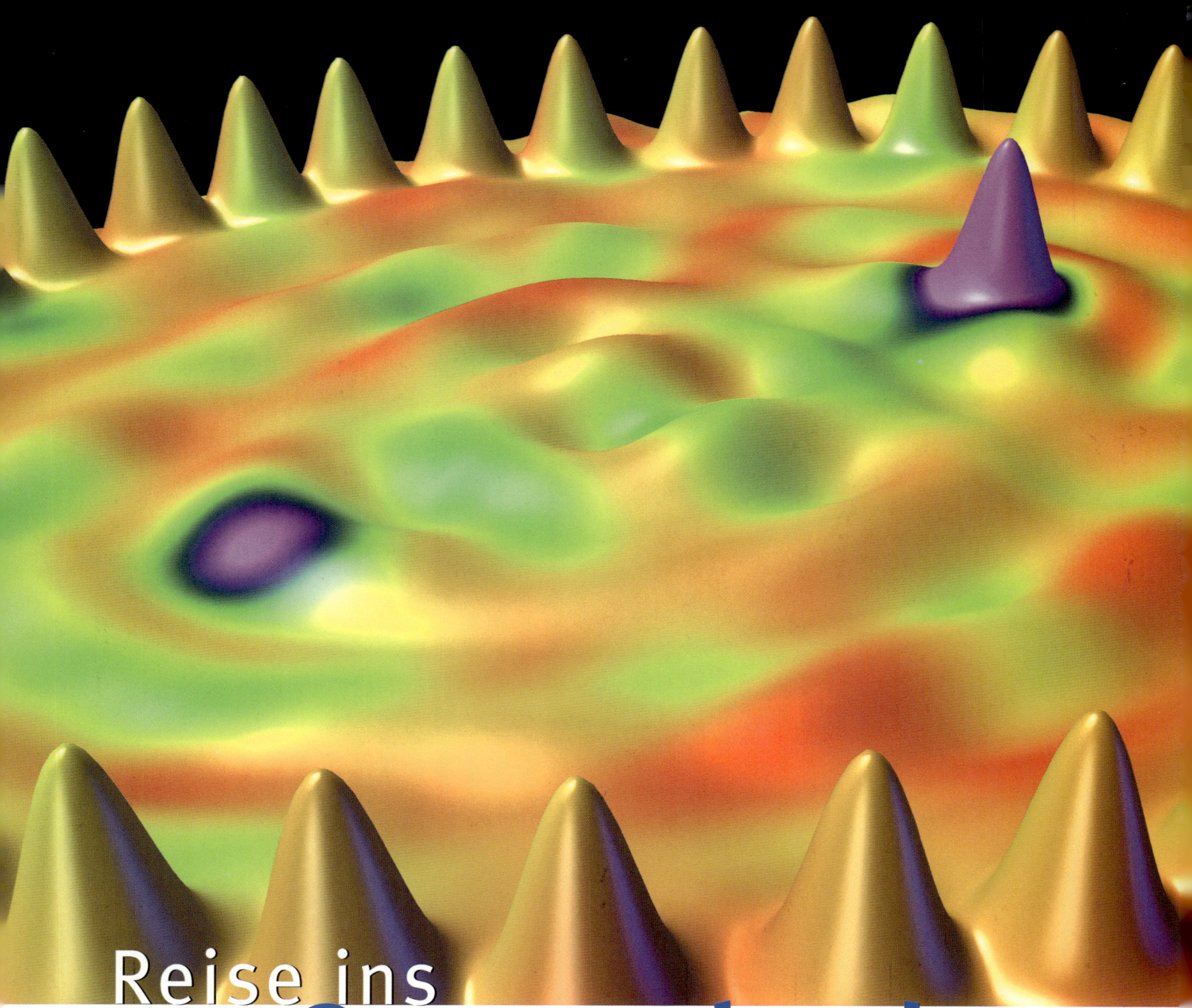

Reise ins Quantenland

„May the Force be with you."
AUS STAR WARS, US-SPIELFILM (1977)

Nobelpreisträger Richard Feynman (1918 - 1988) sagte einst, er gehe davon aus, dass niemand die Quantentheorie versteht. Der US-Amerikaner Feynman, immerhin eine Größe des Quantengewerbes, lag damit nicht ganz verkehrt. Tatsächlich wartet die Quantenwelt mit Phänomen auf, die sich unserer Alltagserfahrung entziehen. Trotzdem zählt die Quantentheorie zu den genausten Naturbeschreibungen, die die Physik zu bieten hat. Sie wurde über Jahrzehnte vielfach getestet und hat sich bestens bewährt. Nicht zuletzt verdanken wir ihr die moderne Computertechnik. Aber eins nach dem anderen.

Ihren Ursprung hat die Quantentheorie in der Beobachtung von etwas scheinbar Trivialem, einem Ofenloch. Ein Ofenloch mit dem dahinter liegenden Ofenraum ist ein ziemlich guter „Schwarzer Körper". Physiker behelfen sich gerne idealisierter Modelle, wenn ihnen die Natur zu komplex erscheint. Ein solches Modell ist der Schwarze Körper: ein Etwas, das Licht perfekt absorbiert und emittiert. Ein kleines Ofenloch kommt dieser Vorstellung ziemlich nahe. Licht, das von außen kommend im Ofenloch verschwindet, hat wenig Chancen durch die Öffnung wieder hinaus zu gelangen – es wird also vom Ofen absorbiert (verschluckt). Anderseits, wenn der Ofen befeuert wird, tritt durch die Öffnung Wärmestrahlung ins Freie – bei passender Temperatur als sichtbares Licht. Diese Strahlung nun bereitete den Wissenschaftlern Ende des 19. Jahrhunderts einiges Kopfzerbrechen, weil die damalige Theorie die Messungen der Forscher nur teilweise erklären konnte. Dann legte Max Planck im Jahre 1900 eine revolutionäre Formel vor, die den Experimenten voll genügte und auch eine Erklärung bot, warum das so sein sollte: Die Wände des Hohlraums können Strahlungsenergie nur häppchenweise aufnehmen und abgeben. Diese Portionen nennt man Quanten. Später erkannte man, dass auch Atome quantenhafter Natur sind und selbst das Licht aus kleinen Energiepaketen besteht. Kurzum: die Energie in mikroskopischen Systemen nimmt nur bestimmte Werte an und keine dazwischen – ähnlich wie ein Klavier nur mit den Tasten fest verbundene Töne von sich gibt. Die klassische Physik hingegen war eher von der Vor-

⇠ Kunstvoll arrangierte Atome auf einer Metalloberfläche: Die Atome erscheinen als Kegel, die ein ovales Areal eingrenzen. Die gesamte Konstruktion ist rund 5.000 kleiner als der Durchmesser eines menschlichen Haars. Die Wellen innerhalb des Geheges sind auf Quanteffekte zurückzuführen: Sie rühren von Elektronen her, die innerhalb der atomaren Umzäunung hin- und herschaukeln. US-Forscher bedienten sich hier eines so genannten Tunnelmikroskops – zunächst, um die Atome in Stellung zu bringen und danach, um die fertige Anordnung abzubilden. Von solchen Studien versprechen sie sich langfristig neuartige elektronische Bauteile. (Bild: IBM Almaden Research Center, USA)

⇣ Die Erforschung glühender Objekte führte zur Geburt der Quantentheorie. In diesem Zusammenhang besonders wichtig: der „Schwarze Körper" – einem Ofenloch ist er nicht unähnlich. (Bild: Bock Energietechnik, Floß)

NICHT „FISCH", NICHT „FLEISCH"

INFO

Quantenobjekte sind von Natur aus schizophren und selbst derjenige, der eine Seifenblase fotografiert, steckt mitten in einem für das Quantengeschehen typischen Dilemma: Ein und Dasselbe muss, je nach Situation, einmal als Welle, einmal als Teilchen beschrieben werden. Beispiel Licht: Die Regenbogenfarben einer Seifenblase entstehen dadurch, dass sich Lichtwellen überlagern und an bestimmten Stellen verstärken, an anderen auslöschen. Bunte Muster sind die Folge. Auf dem fotografischen Film oder dem CCD-Chip einer Digitalkamera jedoch wird das Licht als Partikelstrom aufgezeichnet, in Gestalt so genannter Photonen. Diese verfärben die Kriställchen des Films bzw. bringen die Pixel zum Leuchten. Alle Photonen zusammen ergeben schließlich ein Kamerabild, das einst durch Welleneffekte zustande kam: eine schillernde Seifenblase. Aus Sicht der Quantenphysik fügen sich beide Aspekte – Welle und Teilchen – eben ganz natürlich zueinander, sie sind zwei Seiten einer Medaille. (Bild: Photodisc)

stellung eines gut geölten Posaunenzugs ausgegangen. Und der gleitet glatt über alle Klänge.

Die Quantentheorie feierte zahllose Triumphe und bildet heute die Grundlage unserer Informationsgesellschaft. Die Festkörperphysik, die auch die Funktionsweise von Transistoren beschreibt, macht von der Quantentheorie regen Gebrauch. Mittlerweile nähert sich die Größe von Transistoren auf einem Mikrochip dem Nanometer, dem Millionstel eines Millimeters. In diesen Dimensionen beginnt die Quantenphysik zu dominieren.

Megacoole Effekte

Die Beschränkung auf winzige Raumbereiche ist nicht der einzige Weg, Quanteneffekte anzutreffen, extreme Kälte tut es mitunter auch. Die „Supraleitung", der widerstandslose Stromfluss, ist das bekannteste Beispiel. Entdeckt wurde das Phänomen 1911 vom Niederländer Heike Kammerlingh Onnes am Beispiel des Quecksilbers. Heute wissen wir: Quecksilber ist kein Einzelfall, supraleitende Materialien gibt es verschiedensten Typs. Allen gemein ist, dass sie ihre besonderen Eigenschaften erst bei extremer Kälte zu Tage fördern. Bei „klassischen" Supraleitern – wie dem Quecksilber – sind Betriebstemperaturen weit unter minus 200 Grad Celsius die Regel. Es sollte einige Jahrzehnte dauern, bis die Quantentheorie diesem Phänomen auf die Schliche kam. Hauptakteure sind die Elektronen, die in jedem gewöhnlichen Metalldraht für den Stromtransport sorgen. Dabei bewegen sie sich jedoch keineswegs ungehindert, sondern stoßen immer wieder gegen die Atome des Materials und erleiden so einen elektrischen Widerstand. Bei der Supraleitung sind die Elektronen zwar ebenfalls beteiligt, allerdings schließen sie sich zu Duetten

⇢ Magnetresonanz-Tomographen blicken besonders schonend ins Innere des Körpers. Zum Einsatz kommen dabei supraleitende Spulen: mit ihrer Hilfe wird das namensgebende Magnetfeld erzeugt. (Bilder: Siemens)

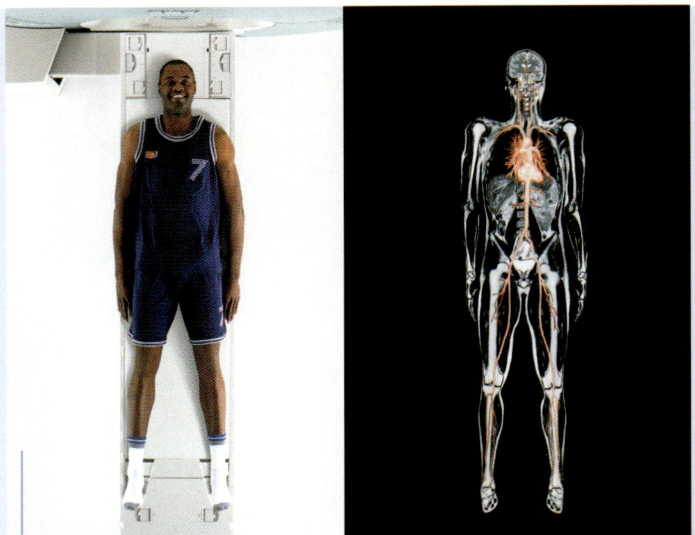

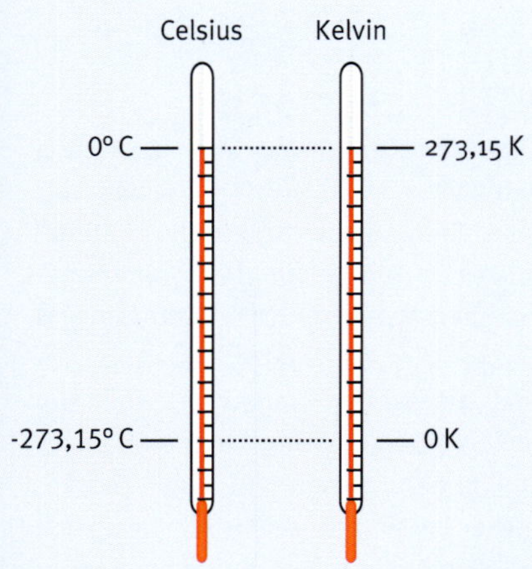

INFO

KELVIN UND DAS THERMOMETER

Wir sind es gewohnt, in Grad Celsius zu rechnen. US-Amerikaner können da nur den Kopf schütteln. Für sie ist die Fahrenheit-Skala das Maß aller Dinge. Physiker hingegen – sowohl diesseits als auch jenseits des Atlantiks – bedienen sich häufig des Kelvin, einer Temperatureinheit ohne Minuswerte: Der „Absolute Nullpunkt" – Null Kelvin – liegt bei minus 273,15 Grad Celsius, der Gefrierpunkt des Wassers – Null Grad Celsius – bei 273,15 Kelvin. Praktisch gesehen ist der Absolute Nullpunkt unerreichbar, auch wenn sich Forscher immer dichter an ihn heranpirschen. Was macht ihn so besonders? Bei Null Kelvin wären Atome und Moleküle bewegungslos. (Bild: ius)

⇢ Glasklare Quantenflüssigkeit: Suprafluides Helium – hier in einem durchsichtigen Messzylinder – wirkt ziemlich unscheinbar. (Bild: P. Thibault, Université Fourier, Grenoble)

zusammen, Cooper-Paare genannt. Auf diese Weise können sie die Atome austricksen, die sich ihnen sonst in den Weg stellen, und fließen absolut stoßfrei dahin. Im Detail ist das Geschehen äußerst komplex, Fachleute bringen noch „quantisierte Gitterschwingungen" ins Spiel. Das Phänomen ist heutzutage jedoch verstanden. Zumindest gilt dies für „klassische" Supraleiter wie Quecksilber, Blei und andere Metalle. Daneben gibt es aber weitere Spielarten der Supraleitung, an denen sich Wissenschaftler bislang die Zähne ausbeißen. Hier sind besonders die „Hochtemperatur-Supraleiter" zu nennen. Wie ihr Name schon andeutet, kommen sie mit relativ mäßiger Kühlung aus – und das macht sie für technische Anwendungen interessant.

Aber die Quantenphysik treibt noch andere Blüten: Wer etwa Helium-4 – bei Raumtemperatur ein Gas, das sich mit geeigneter Technik jedoch verflüssigen lässt – unter 2,17 Kelvin (minus 270,98 Grad Celsius) kühlt, der kann „Suprafluidität" beobachten. Suprafluides Helium passiert feinste Ritzen, die für jede andere Flüssigkeiten eine Sperre wären; es kriecht die Wand seines Behältnisses hoch und über dessen Rand hinaus; Wirbel darin können ewig kreisen. Die Erklärung: Die Atome des Heliums haben sich in einem „makroskopischen" Quantenzustand versammelt. Dieses riesige Kollektiv ist recht behäbig – kleine Störungen oder Hindernisse können ihm nicht zusetzen. Also fließt es reibungslos dahin: Das Helium ist suprafluid.

Suprafluides Helium wurde erstmals in den 1930ern hergestellt. In jener Zeit begannen auch erste Experimente rund um die Wellennatur von Atomen. Deren Anwendungen reichen inzwischen von

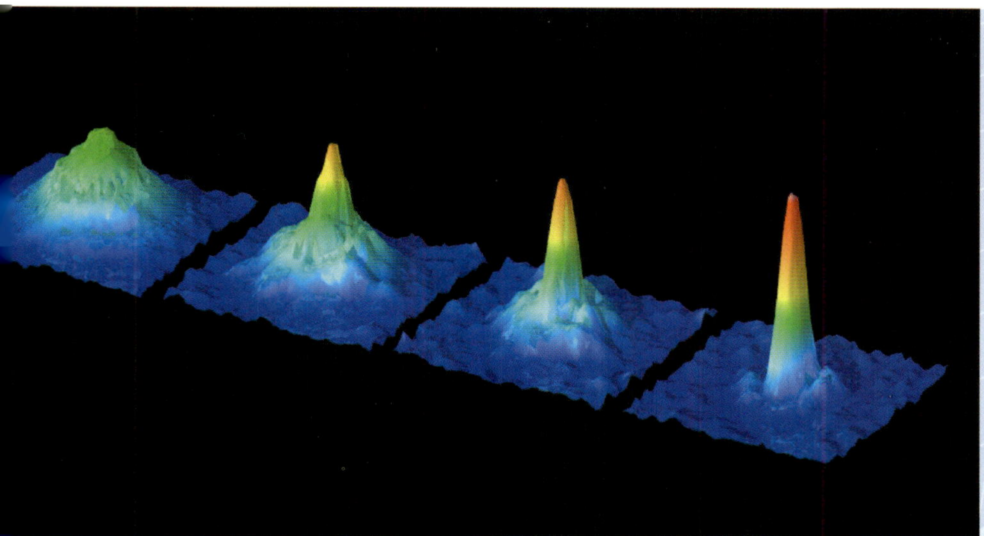

Entstehung eines Bose-Einstein-Kondensats: Der „Berg" in den Messdaten (dargestellt ist die Dichteverteilung der Atome) wird höher und schlanker. Beleg dafür, dass sich immer mehr Teilchen in einem Quantenzustand versammeln. Die zugehörige Appatur ist unten abgebildet. (Bilder: G. Rempe, MPI für Quantenoptik, München)

Timing ist Trumpf beim Formationstanz und erst recht in einem Bose-Einstein-Kondensat. Hier ist die Choreographie der Atome absolut perfekt. (Bild: Frankfurt Galaxy)

der Analyse von Materialoberflächen bis hin zur Präzisionsvermessung des irdischen Schwerfeldes, das je nach Aufbau der Erdkruste von Ort zu Ort leicht variieren kann. In den letzten Jahren sind zudem neuartige Experimente möglich geworden, nachdem es gelungen war, bestimmte Gase extrem abzukühlen. Und zwar fast bis zum Absoluten Nullpunkt, der bei frostigen minus 273,15 Grad Celsius liegt. Bei diesen Bedingungen gelingt es, Atome zu einem „Bose-Einstein-Kondensat" zusammen zu rotten.

Dass es diesen exotischen Zustand der Materie geben müsse, zu diesem Schluss kam Albert Einstein bereits 1925 aufgrund theoretischer Überlegung, die sich auf Vorarbeiten des Inders Satyendra Nath Bose stützten. Erste Hinweise auf das Bose-Einstein-Kondensat wurden später bei suprafluidem Helium entdeckt. Der Durchbruch folgte jedoch erst 1995, als es den US-Amerikanern Carl Wieman und Eric Cornell sowie dem Deutschen Wolfgang Ketterle gelang, ein Kondensat in „Reinkultur" herzustellen. Die Forscher arbeiteten dabei mit Gasen, die sie fast bis zum Absoluten Nullpunkt herunter kühlten – „fast" heißt: bis auf Millionstel Grad. Dafür gab es 2001 den Nobelpreis für Physik.

Was hat es mit dem Bose-Einstein-Kondensat auf sich? Für gewöhnlich bewegen sich Gasatome ziemlich ungeordnet, da geht es drunter und drüber. Damit ist es nun schlagartig vorbei. Wie auf Kommando tanzen sie beim Bose-Einstein-Kondensat alle in Reih und Glied. Von individuellen Atomen kann man jetzt nicht mehr sprechen. Vielmehr tritt nun ein Ensemble auf

INFO

COOLES TEILCHENBALLETT

Quantengase gelten als die kältesten „Objekte" des Universums. Es sind lichte Teilchenwolken, die im Labor weit unter minus 273 Grad Celsius gekühlt werden. Physiker sprechen hier von „Mikro-" oder gar von „Nanokelvin". Bei diesen Bedingungen regiert die Quantenphysik das Geschehen: statt wie üblich wild durcheinander zu schwirren, „tanzen" alle Gasteilchen – je nach Typus – entweder im Gleichschritt, wie beim „Bose-Einstein-Kondensat", oder sie gehen sich aus dem Weg wie beim „Fermigas". Diese „ultracoolen" Gase sind ideale Versuchsobjekte, um Quantenphänomene unter die Lupe zu nehmen. Wissenschaftler versprechen sich von ihnen neue Erkenntnisse über Suprafluidität und Supraleitung. Dabei geht es um Flüssigkeiten, die völlig reibungslos fließen, und um Materialien, die elektrischen Strom verlustfrei transportieren.

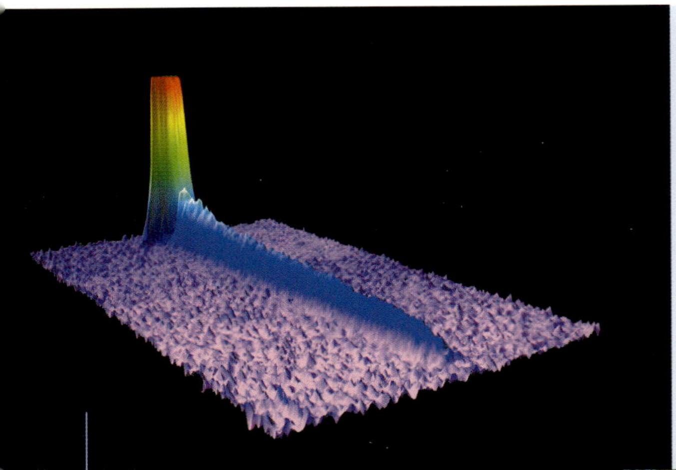

Teilchenstrom eines Atomlasers, graphisch aufbereitet: Aus einem Bose-Einstein-Kondensat (bunte Säule links im Bild – dort ist die Dichte der Atome besonders hoch) entweicht ein durchgängiger Atomstrahl. Er ist als blauer Keil dargestellt. (Bild: MPI für Quantenoptik, München)

Beim Hantieren mit Quantengasen ist eine Menge Hightech nötig. (Bild: 5. Physikalisches Institut, Uni Stuttgart)

Ultrakalte Wölkchen sind die Lieblingskinder der Atomoptik, mit Laserstrahlen kann man sie zum Leuchten bringen. (Bild: G. Rempe, MPI für Quantenoptik)

die Bühne, dessen Mitglieder – es können hunderttausende sein – sich nicht unterscheiden lassen. Gemeinsam bilden sie alle eine große „Materiewelle". Klingt unglaublich? Das ist noch gar nichts: Gemeinsam mit dem Team von Nobelpreisträger Ketterle ist es Stuttgarter Physikern sogar gelungen, einen Verstärker für Materiewellen zu bauen. Der vermehrt die Atomzahl eines Bose-Einstein-Kondensats mit viel Fingerspitzengefühl – so, dass die Wellenform der ursprünglichen Atom-Clique erhalten bleibt. Die Wellenlänge eines Bose-Einstein-Kondensats liegt im Übrigen bei einigen zehn Mikrometern und ist damit groß genug, um sie mit einem normalen Mikroskop unter die Lupe zu nehmen.

Atomare Optik

Experimente wie diese sind mittlerweile unter dem Stichwort „Atomoptik" bekannt. Licht und Materie vollziehen dabei eine Art Rollentausch. Während in der normalen Optik Lichtwellen über Spiegel – also mit Hilfe von Materie – manipuliert werden, lassen sich Materiewellen auch per Laserlicht dirigieren. Dahinter steckt der Wunsch, mit Atomen einmal so vielseitig experimentieren zu können wie mit Licht. Und einige Paradestücke sind bereits gelungen, etwa der Atomlaser. Dieser sendet kein Licht aus, sondern fein dosierte Materiewellen. Der Sinn solcher Finessen? Mit atomarer Optik lassen sich Atomuhren bauen, die so genau sind, dass sie einen allmählichen Wandel der Naturkonstanten nachweisen könnten – wenn die denn tatsächlich variabel sind. Die Atomare Optik ebnet ferner den Weg für die so genannte Atomlithographie, mit der sich Werkstoffe strukturieren lassen, um Atom für Atom etwas Kompliziertes zusammen zu häufeln.

Im Jahr 2002 berichteten Münchner Wissenschaftler erstmals von der Umwandlung eines Bose-Einstein-Kondensats in einen so genannten Mott-Isolator: die Forscher hatten das nebulöse Atomkollektiv mit Laserstrahlen traktiert, worauf sich dessen Mitglieder zu einem dreidimensionalen Kristall arrangierten. Das Laserlicht drängte die Atome auf genau definierte Gitterplätze – die ursprüngliche Gemeinschaft zerfiel gewissermaßen in zahlreiche Splittergruppen. Solche, in Lichtnetzen gefangene Atome sind womöglich das Gewebe, aus dem eines Tages Quantencomputer entstehen könnten – von ihnen erhoffen sich Fachleute atemberaubende Rechenleistungen.

⇡ April 2004: Physiker Anton Zeilinger freut sich über die erste mit Quantentechnik verschlüsselte Banküberweisung. (Quelle: J. Godany, Wien)

⇣ Im Jahre 2002 erprobten Wissenschaftler die Quantenverschlüsselung in alpinen Höhen, indem sie codierte Lichtimpulse von der Zug- zur Karwendelspitze verschickten. Herzstück des Experiments war ein Lasersystem, mit dem die Forscher einzelne Lichtteilchen zwischen den Berggipfeln übertragen konnten. Andere Methoden der Quantenkryptographie bedienen sich nicht einzelner Lichtteilchen, sondern „verschränkter" Zwillinge. (Bilder: Sektion für Physik, LMU München)

Zahlung per Quanten Express

Ein Quantenphänomen, das Forscher ebenfalls beflügelt, ist die „Verschränkung" – ein heißes Thema auch in Sachen Datenverschlüsselung. Kupferdrähte und Lichtleiter sind schließlich die Adern unserer Informationsgesellschaft. Doch nicht alles was durch die Kabel saust, ist auch für neugierige Augen oder Ohren bestimmt. Wer möchte schon, dass die eigene PIN-Nummer in falsche Hände gerät? Seit jüngster Zeit nun können Kryptographen auf Beistand der Quantenphysiker hoffen. Deren Verfahren – natürlich Quantenverschlüsselung genannt – gilt als absolut zuverlässig. Dass eine Leitung angezapft wird, kann sie allerdings nicht verhindern. Der Clou ist vielmehr, dass ein Lauschangriff sofort auffallen würde. Bei der Quantenverschlüsselung bedient man sich bisweilen „verschränkter" Photonen, Paaren von Lichtteilchen, die in besonderer Beziehung zueinander stehen. Eine Messung an einem der Teilchen liefert augenblicklich Informationen über dessen Partner und umgekehrt. Das gilt selbst dann, wenn sie Kilometer weit voneinander entfernt sind. Angesichts dieser Vorstellung sprach der ehrwürdige Einstein einst von „spukhafter Fernwirkung". Forscher sehen dieses Phänomen heute differenzierter, die Verschränkung ist gleichwohl Realität: ein Team um den Wiener Physiker Anton Zeilinger nutzte sie sogar, um im April 2004 die weltweit erste Banküberweisung mit Quantenverschlüsselung zu tätigen. Dabei wechselten 3.000 Euro von der Bank of Austria an die Universität Wien – als Finanzspritze für Zeilingers Arbeitsgruppe.

INFO

DIE PC'S VON ÜBERMORGEN

Wie Quantencomputer aussehen werden, ist ungewiss. Aber mit den Zahlenfressern der heutigen Zeit werden sie aller Voraussicht nach wenig gemein haben. In Sachen Hardware setzen manche Forscher auf Atome in Lichtnetzen, einige sperren Atome in elektromagnetische Käfige, andere wiederum hoffen auf „Quantendots" – besondere Nanostrukturen, die sich auf einem Halbleiter-Chip unterbringen lassen. Hardware hin oder her, der Clou beim Quantenrechnen liegt im Prinzip der Informationsverarbeitung: statt mit üblichen Bits jonglieren Quantencomputer mit „Quantenbits". Diese beruhen auf dem Phänomen der Überlagerung, wonach Quantenobjekte gleichzeitig in verschiedenen Zuständen existieren können. Werden die Quantenbits noch passend verschränkt, lassen sich zahllose Rechenoperation *gleichzeitig* ausführen – und das bringt Tempo.

Kraftvolles Quartett

„Ist es der Sinn,
der alles wirkt und schafft?
Es sollte stehn:
Im Anfang war die Kraft!“

AUS FAUST, TEIL 1, VON JOHANN WOLFGANG VON GOETHE (1749 - 1832)

Empedokles der Grieche (ca. 483 - 425 v. Chr.) begründete einst die Lehre von den vier „Elementen“. Demnach beruht die ganze Vielfalt der Natur auf dem Reigen von Erde, Wasser, Feuer und Luft. Wobei „Hass“ und „Liebe“ – vulgo: Abstoßung und Anziehung – die Elemente immer wieder aufs Neue zusammenwürfeln. Seitdem hat sich unsere Sicht der Welt ziemlich verändert. An die Stelle der antiken Elemente traten Elementarteilchen, „Hass“ und „Liebe“ machten Platz für ein Quartett fundamentaler Naturkräfte. In der Physik heißen sie auch „Wechselwirkungen“. Zwei davon begegnen uns auf Schritt und Tritt: da ist zum einen die Schwerkraft, auch Gravitation genannt, sie fesselt uns an den Erdboden. Andererseits gibt es den Elektromagnetismus, der zum Beispiel den Strom aus der Steckdose treibt. Die übrigen Naturkräfte – namentlich „Schwache“ und „Starke“ Wechselwirkung – agieren eher im Verborgenen, genauer gesagt im Reich der Elementarteilchen.

Auch wenn Wissenschaftler darüber rätseln, wieso das Universum gerade vier Naturkräfte regieren, ein gemeinsamer Ursprung gilt als sicher. Und tatsächlich stießen Forscher in der zweiten Hälfte des 20. Jahrhunderts auf eine enge Verwandtschaft zwischen Elektromagnetismus und Schwacher Wechselwirkung. Die Starke Wechselwirkung entlarvten sie als fernen Cousin. Nur die Schwerkraft fügt sich bislang nicht ins Familienbild. Deshalb gilt sie als größte Hürde für eine umfassende Beschreibung aller Naturphänomene, die vom Volksmund mitunter „Weltformel“ genannt wird.

Das Kraftquartett im Einzelnen:

Alle Objekte folgen der Gravitation: sie zwang den Turm von Pisa in Schieflage, regelt die Gezeiten und ballt Sterne, Staub- und Gaswolken zu Galaxien. Isaac Newton (1643 - 1727) stieß auf einen ihrer Wesenszüge: die Massenanziehung. Der Legende nach brachte den Briten ein vom Baum fallender Apfel zur Einsicht, dass dieselbe Kraft, die das Fallobst zu Boden zieht, den Mond um die Erde kreisen lässt. Albert Einstein (1879 - 1955) erkannte später, dass die Ursachen der

⇠ Galaxien drehen im Sog der Schwerkraft eine Pirouette: Das kosmische Paar ist rund 300 Millionen Lichtjahre von der Erde entfernt. Nach Expertenmeinung werden die beiden Sternensysteme letztlich zu einer Riesengalaxie verschmelzen. Unserer heimischen Milchstraße dürfte Ähnliches widerfahren, wenn sie sich in Jahrmilliarden mit ihrem Nachbarn, dem Andromeda-Nebel, vereinigt. (Bild: NASA/STScI/ESA)

⇢ Nächtliches Europa aus der Vogelperspektive: Was wäre unsere Welt ohne Licht und Strom – sprich Elektromagnetismus? (Bild: NASA/NOAA)

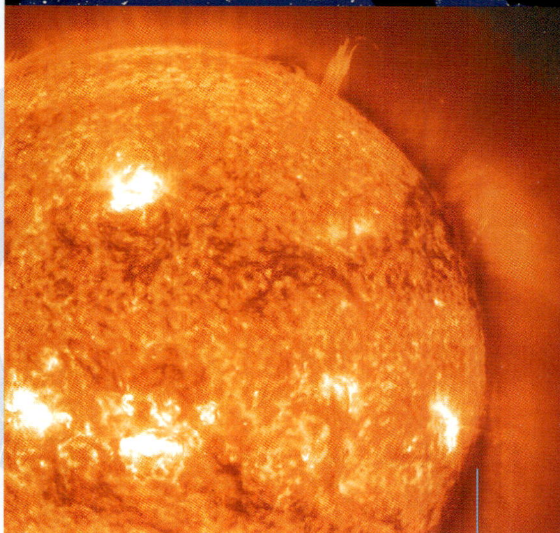

⇡ Beim Crash von Atomkernen entsteht für Sekundenbruchteile ein tobendes Konglomerat von Teilchen, vielfach heißer als das Innere der Sonne. Die Erforschung dieses „Quark-Gluon-Plasmas" (bunte Kügelchen) verrät einiges über die Starke Wechselwirkung und die Kindheit des Universums. Gilt es doch als Ursuppe, die einst das gesamte Weltall erfüllte – direkt nach dessen Geburt vor rund 14 Milliarden Jahren. (Bild: CERN)

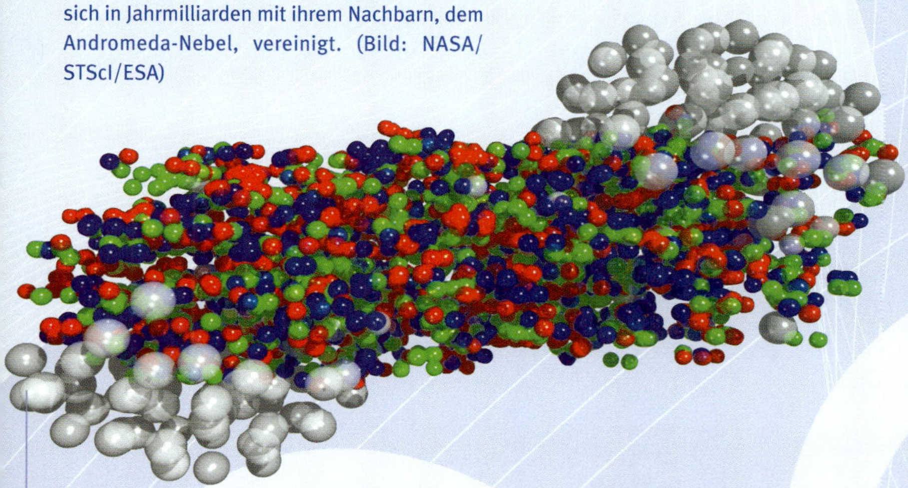

⇢ Die Sonne versorgt seit über vier Milliarden Jahren unseren Planeten mit Licht und Wärme. Das Kraftwerk in ihrem Inneren „verheizt" via Kernfusion pro Sekunde rund 700 Millionen Tonnen Wasserstoff. Der dabei maßgebliche Prozess – pp-Zyklus genannt – wird von der Schwachen Wechselwirkung beeinflusst. (Bild: ESA)

Massenanziehung bei Raum und Zeit liegen, die zu einem kosmischen Netzwerk verwoben sind. Jedes Objekt verformt dieses Gefüge vergleichbar einem Schlafenden, der eine Matratze eindrückt, und fängt andere Körper per Schwerkraftmulde ein. Die Schwerkraft von Sternen kann sogar einen Lichtstrahl aus der Bahn werfen. Fachleute sprechen dann von einer „Gravitationslinse". Bei allem Erfolg ist Einsteins Relativitätstheorie in der Mikrowelt gleichwohl lückenhaft. Physiker bemühen sich deshalb, Einsteins Gedankengut mit dem Bild der Quantenwelt in Einklang zu bringen. Hilfreich scheint dabei die so genannte String-Theorie. Einige Forscher hoffen sogar, damit einen Zipfel der „Weltformel" in den Händen zu halten.

Ohne die Starke Wechselwirkung wäre das Universum längst in einem Teilchenschauer vergangen, denn sie ist der „Klebstoff", der Atomkerne zusammenhält und auch tief im Innern der Kernbausteine den Ton angibt. Gemäß der Quantentheorie tummeln sich dort „Quarks" und „Gluonen" in einem frenetischen Tanz. Und fast die gesamte Masse aller sichtbaren Dinge ist letztlich auf dieses Zusammenspiel zurückzuführen – vom Flohkrebs bis zum Gasplaneten.

Die Schwache Wechselwirkung ist für bestimmte Arten der Radioaktivität und für die Energieproduktion der Sonne von Bedeutung. Ihre Geschichte geht zurück auf die Entdeckung der Radioaktivität durch Henri Becquerel, der 1896 erstmals einen radioaktiven Prozess dokumentierte. Diesen „Beta-Zerfall" entschlüsselten Wolfgang Pauli und Enrico Fermi zu Beginn der 1930er und legten damit den Grundstein für das heutige Quantenmodell der Schwachen Wechselwirkung. Demzufolge wird sie durch Teilchen vermittelt, die W- bzw. Z-Bosonen genannt werden.

Der Brite James Clerk Maxwell (1831 - 1879) erkannte einst, dass Elektrizität und Magnetismus verschiedene Seiten einer Medaille sind. Heute wissen wir: ob wir sehen, tasten, schmecken oder riechen – unsere Umwelt nehmen wir letztlich per Elektromagnetismus wahr. Wenn wir uns einen Sonnenbrand holen oder uns der Wind durch die Haare bläst, dann ist Elektromagnetismus im Verein mit den Regeln der Quantenphysik am Werk. Elektromagnetische Wechselwirkung wird laut Quantentheorie von „Photonen" übertragen, kleine Energiebündel, die wir im sichtbaren Frequenzbereich als Licht empfinden. Neben der Gravitation ist es also diese Wechselwirkung, die am unmittelbarsten unseren Alltag bestimmt, die mechanische Kräfte überträgt und auch TV-Bilder in Bewegung setzt.

Zwischen Himmel und Erde

„Ich will euch mein Erfolgsrezept verraten: Meine ganze Kraft ist nichts als Ausdauer."
LOUIS PASTEUR, FRANZ. CHEMIKER UND MIKROBIOLOGE (1822 - 1895)

Seit Jahrhunderten hat es der Mensch verstanden, sich der klassischen „Elemente" und der in ihnen schlummernden Kräfte immer geschickter zu bedienen. Segelschiffe und Wassermühlen sind dafür nur zwei Beispiele. Aber nicht nur Menschen, nordamerikanische Präriehunde etwa belüften ihre unterirdischen Bauten ganz pfiffig nach den Regeln, die der Schweizer Ahnherr der Hydro- und Aerodynamik, Daniel Bernoulli (1700 - 1782), aufgestellt hat. So haben die Erdhundbauten lange unterirdische Kanäle, die mit hügelartigen Belüftungskaminen abgeschlossen sind – einige dieser Wälle sind höher, andere niedriger. Wenn der Wind über diese Öffnungen streicht, entsteht nach dem Gesetz von Bernoulli ein Unterdruck. Nun bläst der Wind am Boden etwas langsamer als in der Höhe. Deshalb stellt sich zwischen den verschiedenen Öffnungen ein Druckgefälle ein, das Frischluft durch die Stollen treibt. Das wissen die Präriehunde auch und wählen einen höheren Kamin für die Abluft, einen niedrigen für die Zuluft. Der Erdboden gleicht als Wärmespeicher allzu starke Temperaturschwankungen aus.

Luftströmungen sind an anderer Stelle ebenfalls von Bedeutung: beim Fliegen. Der Auftrieb ist allerdings ein ziemlich verwickeltes Phänomen. Wirbel spielen eine Rolle, die Zähigkeit der Luft, Flügelprofil und Anstellwinkel. Fazit ist: Durch ein kompliziertes Zusammenspiel strömt die Luft oberhalb der Tragfläche letztlich schneller als darunter. Nach dem Gesetz von Bernoulli geht damit ein Druckunterschied einher: Unterdruck an der Flügeloberseite, Überdruck unterhalb der Tragfläche. Daraus folgt eine Kraft gen Himmel – und diese weiß jeder Pilot als Auftrieb zu schätzen.

Die moderne Architektur bedient sich übrigens desselben Prinzips. Allerdings stellt sie es gleichsam auf den Kopf, um damit Hochhäuser zu belüften. Zu diesem Zweck haben Ingenieure so genannte Venturi-Flügel entworfen: im Grunde

Fast 400 Tonnen kann ein Jumbo-Jet an den Start bringen. Um dieses Gewicht in die Luft zu stemmen, bedarf es starker Triebwerke und eines steilen Anstellwinkels – letzterer erhöht den Auftrieb. (Bild: Lufthansa)

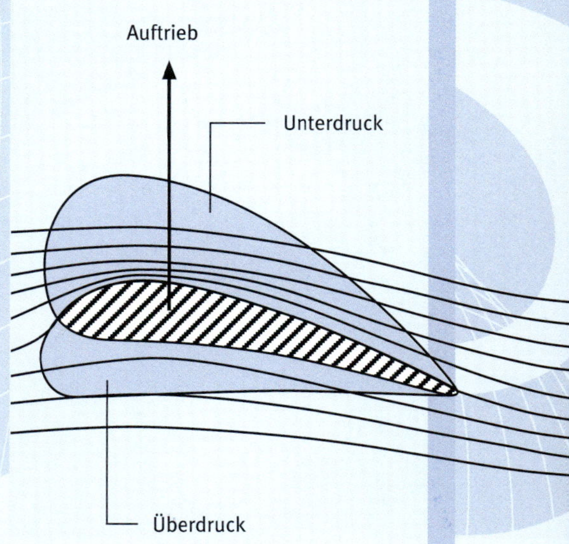

Tragfläche im Luftstrom: unterhalb des Flügels (dessen Querschnitt ist schraffiert) entsteht Überdruck, darüber Unterdruck. Deren Zusammenwirken hält Flugzeuge in der Luft. (Bild: iserundschmidt)

Der Venturi-Flügel auf dem Dach dieses Berliner Gebäudes sorgt für angenehmes Büroklima, indem er – nur per Windkraft – Frischluft zwischen Innen- und Außenfassade leitet. Dies verhindert ein Aufheizen der Glasfront. (Planung: BRANDI IGH Ingenieure, Köln; Fotograf: J. Willebrand, Köln)

Präriehunde belüften ihre Bauten mit Hilfe des Bernoulli-Effektes. Die Bezeichnung „Präriehund" ist allerdings irreführend, denn die Nager sind mit unseren häuslichen Vierbeinern keineswegs verwandt. Ihr Warnruf erinnert allerdings an Kläffen. (Bild: E. Hejda, Wien)

genommen umgedrehte Tragflächen auf den Dächern der betreffenden Gebäude. Bläst der Wind über diese Konstruktionen, so entsteht unterhalb des Venturi-Flügels ein Unterdruck. Und mit diesem Sog lässt sich kühle Luft in die Gebäude schaufeln. Besonders nützlich ist diese Form der Klimatisierung für Bürobauten mit weiter Glasfront, die im Sonnenlicht stets dazu neigen, sich aufzuheizen.

Fahrrad im Gegenwind

Natürlich hat es nie an Versuchen gefehlt, die Kraft des Luftstroms auch für das Fortkommen per Fahrrad zu nutzen. Ein „Hülfstreibapparat"-Patent wider den Wind, des Regensburgers Sebastian Müller aus dem Jahr 1893, fand vor den Augen eines zeitgenössischen Besprechers allerdings keine Gnade: „Der Propeller, der das Rad vorwärts reißen soll, muss ja auch erst angetrieben werden – das bedeutet vermehrten Kraftaufwand bzw., bei gleicher Kraft, weniger Power für den Primärantrieb."

Es ist wahr, Meister Müller hatte einen Fehler gemacht, nur nicht den vom Kritiker bemängelten, vielmehr war der Propeller zu klein. Wenn man den Propeller genügend groß macht, kann auch Gegenwind ein Fahrrad vorwärts, also in den Wind treiben. Das Prinzip funktioniert sogar auf dem Wasser mit einem Boot, dessen Wasserschraube von einem Windrad angetrieben wird: das Boot fährt in den Wind, muss also nicht mehr kreuzen. Die Geschwindigkeit kann etwa ein Fünftel der des Gegenwindes erreichen.

INFO

BERNOULLI & CO.

Es gibt eine Menge berühmter Bernoullis, von denen einige auch noch miteinander verwandt ist. Die für die Naturwissenschaft wichtigsten sind Johann und Daniel. Johann war Vater des Daniel und neidete diesem seinen wissenschaftlichen Erfolg. Als Daniel 1735 zusammen mit seinem Vater einen Preis für Arbeiten über die Planetenbahnen bekam, warf ihn der Vater aus dem Haus, weil er meinte, den Preis alleine verdient zu haben. Die Nachwelt aber maß Daniel den höheren Rang zu.
Zu seinen wichtigsten Leistungen zählen Erkenntnisse über die Eigenarten bewegter Flüssigkeiten und Gase – insbesondere über den Zusammenhang zwischen Strömungsgeschwindigkeit und Druck. Auf den Punkt gebracht lautet Bernoullis Gesetz: der Druck einer Strömung fällt mit zunehmender Geschwindigkeit und nimmt zu, wenn die Geschwindigkeit sinkt. Die daraus folgenden Regeln über Auf- und Abtrieb haben sich in Schiff- und Luftfahrt millionenfach bewährt: ihnen gemäß lassen Kapitäne die Segel setzen und halten sich Flugzeuge in der Luft. Trotzdem widersprechen sie der Intuition: Wenn etwa zwei Rheindampfer dicht aneinander vorbeifahren, meint man, das zusammen gequetschte Wasser dazwischen sollte sie auseinander treiben. Tatsächlich jedoch entsteht ein Sog, der die Schiffe zueinander zieht – Bernoulli lässt grüßen.

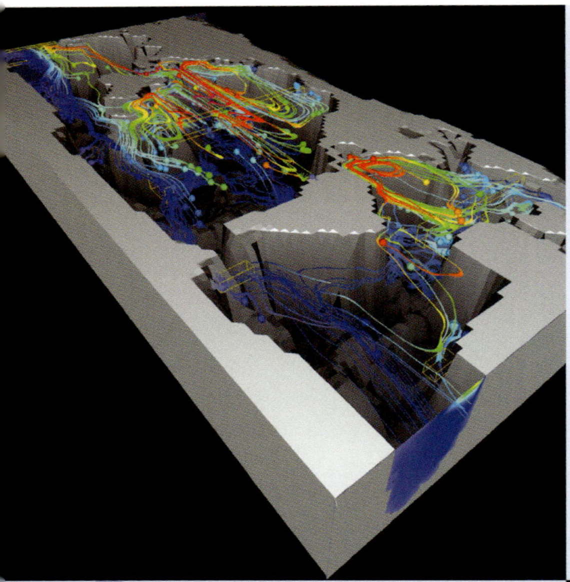

⇠ Computersimulation der weltweiten Meeresströmungen. In rot: der Wirbel des Golfstroms. Namenspatron ist der Golf von Mexiko, dort hat das warme Wasser seinen Ursprung. Das Bild unten zeigt eine vereinfachte Darstellung der globalen Ströme.

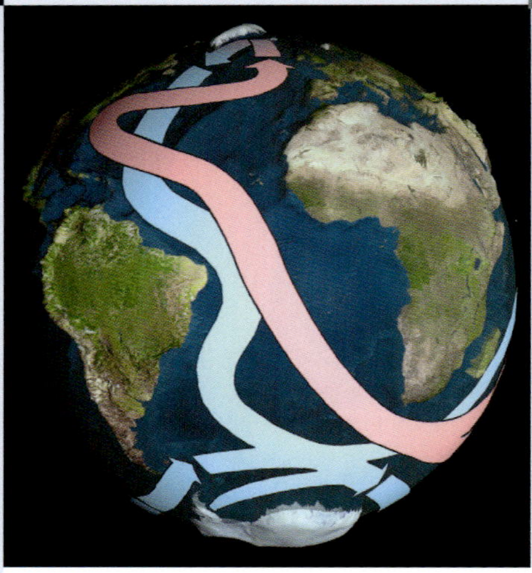

⇣ Gewaltige Wassermassen schlängeln sich rund um den Globus. In einigen Gebieten steigt leichtes Wasser an die Oberfläche, in anderen Regionen stürzt schweres Wasser in die Tiefe. Das Auf und Ab hält den Kreislauf in Schwung. (Bilder links und unten: Dt. Klima Rechenzentrum, Hamburg)

⇡ Wenn bei Windeinfall von der Seite Skipper geschickt die Segel setzen, können sie schneller dahingleiten als der „wahre" Wind. (Bild: N. Krauss/BMW)

INFO

FERNHEIZUNG FÜR EUROPA

Da die Sonne so häufig über der karibischen See brennt, haben die Engländer Grund zur Freude. Die Hitze lässt Unmengen an Wasser verdunsten, dadurch steigt der Salzgehalt des Meerwassers, das sich nun – unter anderem vom Wind getrieben – auf die Reise nach Norden macht. Ausläufer dieses Stroms finden bis nach Westeuropa und heizen unserem Kontinent kräftig ein. Norwegen bekommt genug ab für den Anbau von Erdbeeren und Pflaumen, Südengland kann mit Seebädern glänzen. Das nun erkaltete, schwere Wasser sinkt im Nordatlantik in die Tiefe und wälzt sich zurück Richtung Süden.

Wenn die globale Erwärmung wahr wird, fürchten die Gelehrten, könnte diese Wärmepumpe unterbrochen werden. Ein Motor des Golfstroms liegt nämlich am nördlichen Ende der Schleife. Und dort könnten abschmelzende Eismassen und vermehrte Niederschläge das Meerwasser zu stark verdünnen. Hintergrund: um abzusinken, muss das Meerwasser nicht nur kalt sein, sondern auch reichlich Salz enthalten, denn Salz erhöht die Dichte. Die Szenarien sind komplex, aber es ist durchaus möglich, dass eine globale Erwärmung für Europa mehr Kälte bedeuten könnte.

Das Kunststück, exakt gegen den Wind zu segeln, dürfte selbst ausgebufften Seeleuten Schwierigkeiten bereiten. Gewieften Skippern gelingt es aber immerhin, schneller als der „wahre" Wind zu segeln. Entscheidend ist dabei wie wahrer Wind (der Luftstrom über unbewegtem Grund) und Fahrtwind (bläst stets von vorne) ins Segel greifen. Das Zusammenspiel beider Stömungen – Segler sprechen vom „scheinbaren" Wind – kann das Boot mit Eiltempo vorantreiben. Strandsegler, an deren Fahrzeuge keine Wassermassen zerren und die nur den Rollwiderstand mit dem Boden überwinden müssen, erreichen auf diese Weise mehr als 120 Kilometer in der Stunde.

Wetter unter Druck

Wenn Luft erwärmt wird, verliert sie an Dichte, wird also leichter und steigt in der dichteren Luft der Umgebung auf. Jeder Heißluftballon bezeugt diesen Effekt. Und jede Kumuluswolke. Die entsteht, wenn eine Warmluftsäule aufsteigt und oben abkühlt, wobei Wasserdampf in unzähligen Tröpfchen auskondensiert, die in der Summe eine Wolke bilden. Aufwinde wiederum entstehen dort, wo das Sonnenlicht den Boden stärker erwärmt hat, etwa weil er dort dunkler war. Die aufstrebende Luft hinterlässt in Bodennähe einen leichten Unterdruck, der durch seitlich herbeiströmende Luft ausgeglichen wird. Blätter rascheln.

Wie viel Sonne eine Gegend abbekommt, hängt im globalen Maßstab vom Breitengrad ab. Am Äquator wird die meiste Energie eingestrahlt – schließlich steht die Sonne mehr oder weniger senkrecht am Himmel. Die dort aufsteigenden heißen Luftmassen sinken in kühleren, den Polen näheren Gegenden wieder ab. Auf

⚓ Die verquirlten Luftbewegungen in der Atmosphäre machten den alten Seglern ganz schön zu schaffen. Das gesamte Wettergeschehen spielt sich übrigens in einer hauchdünnen Schicht ab. Hätte die Erdkugel zwei Meter Durchmesser, so wäre der wetterrelevante Atmosphärenbereich gerade mal zwei Millimeter dick. (Bild: iserundschmidt, Quelle: The Atmosphere, Prentice-Hall Internat. Ltd.)

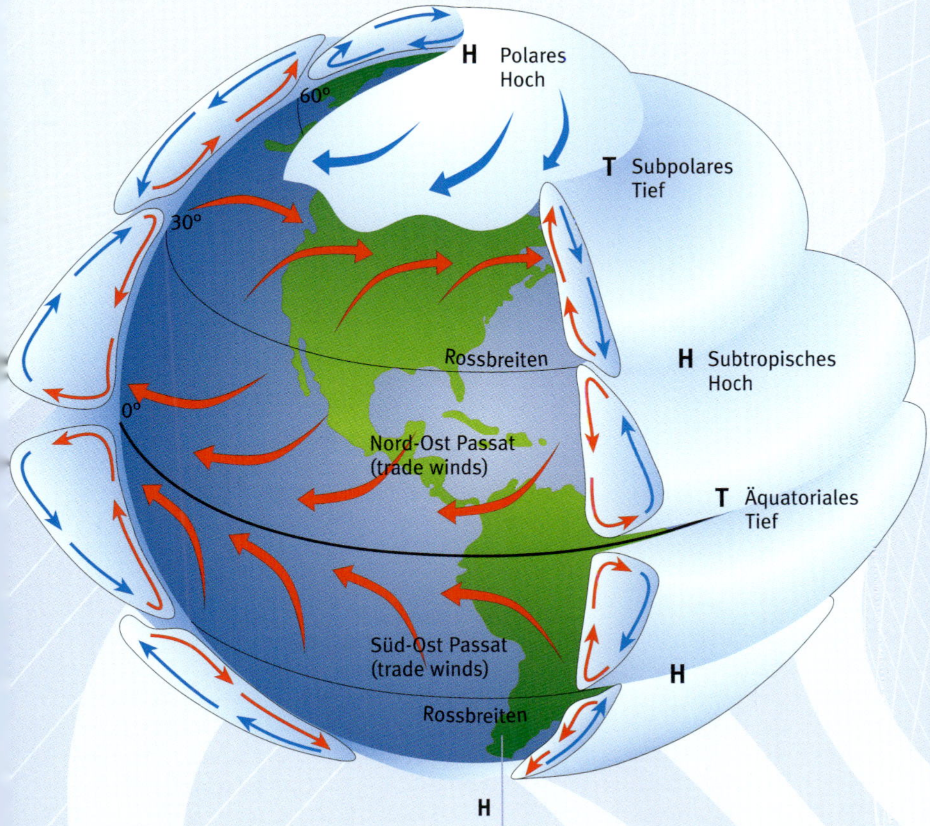

einer ebenmäßigen Erdkugel würde der globale Druckausgleich im Wesentlichen entlang der Längengrade erfolgen: warme Luft in großer Höhe vom Äquator zu den Polen, kühlere unten von den Polen zum Äquator. Da auf der Erde Wasser- und Landmassen unregelmäßig verteilt sind, ist das Bild allerdings komplizierter. Dazu gesellt sich außerdem der „Coriolis-Effekt": Vom Äquator kommende Warmluft wird an den Polen abgekühlt, sinkt dort nach unten und treibt nahe der Erdoberfläche wieder in Richtung Äquator. Die Erde dreht sich darunter nach Osten weg. Im Polarbereich bläst einem ostwärts blickenden Beobachter daher der Wind ins Gesicht. Umgekehrt wird Luft in Bodennähe, die sich Richtung Pol bewegen möchte, nach Osten abgelenkt, erzeugt damit Wind aus Westen. Luftbewegungen auf der Nordhalbkugel werden also nach rechts abgelenkt, auf der Südhalbkugel nach links. Am Pol ist der Coriolis-Effekt am größten, am Äquator verschwindet er.

Das wahre Bild ist noch wesentlich komplexer, gegenwärtige Modelle gehen von drei großen Zirkulationszellen aus. Mit denen ist eine Reihe von Luftdruckgürteln verbunden, wie das Äquatoriale Tief, das Subtropische Hoch, das Subpolare Tief und das Polare Hoch. Die alten Hochseesegler wussten die Windverhältnisse geschickt zu nutzen, wovon die Namen der halbwegs stabilen Luftströme zeugen: „trade winds" (Handelswinde) heißen die dem Äquator nahen Passatwinde aus östlicher Richtung, die einst die Schätze der Welt um den Globus trugen. Leider treiben in dieser Region auch Wirbelstürme ihr Unwesen. Hurricanes und Taifune, gespeist von mindestens 26 Grad warmem Tropenwasser. Wenn es

INFO

RABIATE WIRBEL

Tornados sind vergleichsweise kleine, schnell rotierende Luftwirbel, die meist während eines Gewitters in der Frühjahrs- und Sommerzeit entstehen. Hierzulande sie sind selten, in den USA jedoch verwüsten sie regelmäßig ganze Landstriche. Tornados produzieren ernorme Windgeschwindigkeiten, solide Quellen nennen 500 Kilometer pro Stunde. Sie können immer dann auftauchen, wenn die Bedingungen für ein ordentliches Gewitter gegeben sind: also eine bodennahe, mit Feuchtigkeit gesättigte Luftschicht von einer kühlen, hohen überdacht wird. Dann ist die Energie für etwas Großes da, denn die leichte Warmluft gehört eigentlich nach oben, die schwere Kaltluft nach unten. Ein Wirbel ist ein effektives Mittel, den unvermeidlichen Ausgleich herbei zu führen. (Bild: Photodisc)

⸸ Blitzschlag, ausgelöst per Wolkendraht (Bild: A. Rakov, University of Florida)

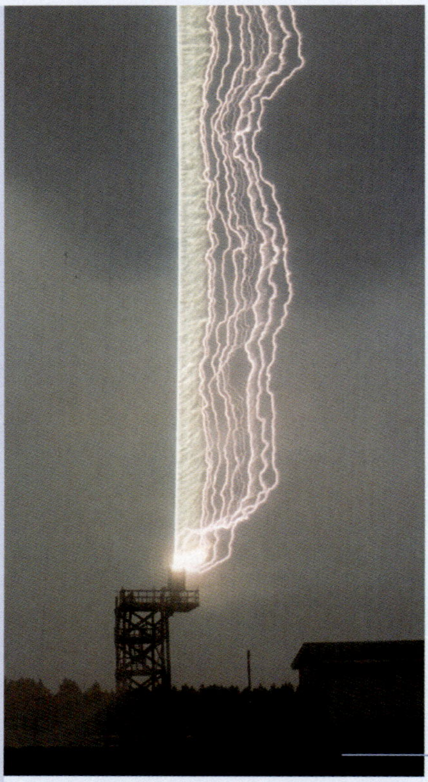

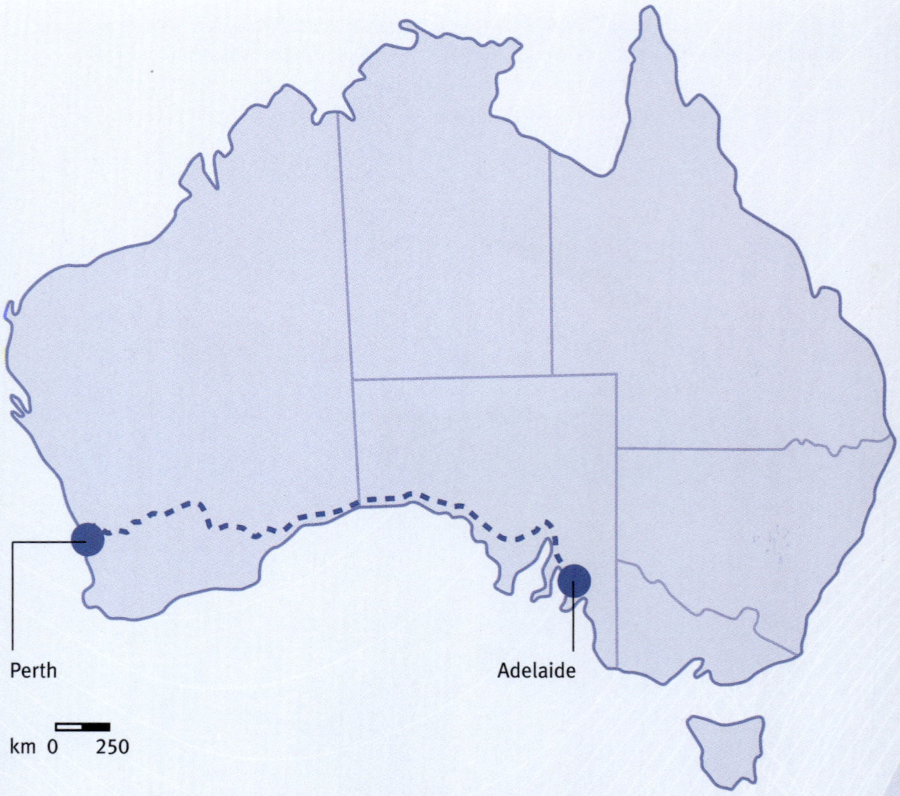

⸸ Optische Solitonen teilen mit ihren wässrigen Verwandten die Eigenschaft, über lange Strecken ohne Schwächung reisen zu können. Wasserwellen werden durch die besondere Form des Wasserkanals zu Solitonen, Lichtimpulse durch die speziellen Eigenschaften von Lichtfasern. Kürzlich wurde in Australien ein mit Solitonen arbeitendes Glasfasernetz in Betrieb genommen, das tausende von Kilometern lang ist und ohne Zwischenverstärker auskommt, wodurch erhebliche Kosten entfallen. Die Leitung zwischen Perth und Adelaide kann 1,6 Terabit pro Sekunde übertragen. Ein DVD-Video wäre damit in 30 Sekunden überspielbar. (Bild: iserundschmidt)

INFO

WETTERLEUCHTEN

Über Gewitter ist lang und breit geforscht worden. Genau geklärt ist das dennoch Phänomen nicht. So viel ist klar: In einem Tohuwabohu von Wolken, Waser und Wind werden elektrische Ladungen getrennt. Offenbar spielen hierbei Ionisationsvorgänge durch kosmische Strahlung eine Rolle, aber auch Reibungseffekte zwischen Wassertröpfchen und der umgebenden Luft – ähnlich wie bei einem Nylon-Pullover, der am Körper scheuert. Letztlich wird der obere Teil von Gewitterwolken meist positiv, der untere meist negativ gepolt. Über Entladungen – den Blitzen – gleicht sich alles wieder aus. Nur ein Drittel der Blitze finden von den Wolken zum Boden, der Rest wird zwischen den Wolken und mit der Luft ausgetauscht. Weltweit zischen etwa 100 Blitze pro Sekunde durch die Atmosphäre, von elektrischen Spannungen befördert, die zwischen 10 und 100 Millionen Volt liegen. Die Luft wird dabei plötzlich auf 30.000 Grad Celsius erhitzt, dehnt sich schlagartig aus und dann donnert es.

nach Verdunstung in der Höhe kondensiert, werden gewaltige Energien freigesetzt. In den Subtropen wiederum galt es die Rossbreiten zu beachten, eine windschwache Region, in der die Pferde über Bord mussten, wenn es an Futter und Trinkwasser zu mangeln begann. Es war nicht leicht auf See zu sein.

Flackern am Himmel

Diese Luftbewegungen beschäftigen heute ein ganzes Heer von Forschern, die im Übrigen auch das elektrische Geschehen in der Atmosphäre untersuchen: Wenn sich über dem Gelände des Zentrums für Blitzforschung an der University of Florida der Himmel verdunkelt, frohlocken die Wissenschaftler; erst recht, wenn es zu grummeln beginnt. Wenn dann noch eine mutmaßlich mit Blitzen schwangere Wolke heranzieht, kommt Action auf: Die Forscher schicken Miniraketen in die Höhe, die einen mit Kevlar verstärkten Kupferdraht hinter sich herziehen, der am Startturm verankert ist. Und dann passiert's: Blitzentladungen rauschen den Raketendraht hinunter und hinauf, wobei der Draht vollständig verdampft. Das eigentlich Interessante aber wird in der Nähe des Starturms registriert: von Detektoren für hochenergetische Strahlung. Und die kriegen gut zu tun: Sie registrieren Röntgenstrahlung, Gammastrahlung sowie hochenergetische Elektronen und Positronen. Die herkömmliche Gewittertheorie gibt das nicht her, die Wissenschaftler tippen deshalb auf den „Runaway-Prozess“. Das ist eine exotische Entladungsart, bei der Elektronen fast auf Lichtgeschwindigkeit beschleunigt werden, wobei eine Menge Energie freigesetzt wird.

⇡ Wasserspiele im Dienste der Wissenschaft: Anlässlich einer Tagung über „nicht-lineare“ Wellenphänomene wird Russels Wasserbuckel nachgestellt. Solche „solitären“ Wellen können übrigens auch von Seebeben ausgelöst werden und sich in Küstennähe als verheerende „Tsunamis“ äußern. (Bild: Heriot-Watt University, Edinburgh)

⇣ „Elfen“ galten lange als Hirngespinnste gestresster Piloten – bis es gelang, diese Leuchterscheinungen auf Film zu bannen. Dieser Schnappschuss zeigt eine Elfe über dem Mittleren Westen der USA, aufgenommen aus einem Forschungsfluzeug. Die Beobachter tauften sie „Big Red“. Ihre Spitze reicht bis in 90 km Höhe. (Bild: University of Alaska, Fairbanks)

Von Wasser und Wellen

Auch das „nasse Element“ hat Ungewöhnliches zu bieten. Im Jahre 1834 ritt der junge Ingenieur John Scott Russell den Edinburgh-Glasgow-Kanal entlang, als eine von Pferden gezogene Barke anhielt. Nichts Besonderes, vom Bug der Barke aber löste sich ein Wasserbuckel, der es in sich hatte: Er eilte den Kanal entlang, ohne an Höhe oder Geschwindigkeit abzunehmen. Russell ritt über einen Kilometer neben dem Buckel her, in der festen Überzeugung, eine große Entdeckung gemacht zu haben. Das war auch so, allein, die Zeitgenossen dachten anders. Heute ist das „Soliton“ genannte Phänomen, das bei speziellen Bedingungen auftritt, in einer ganzen Reihe physikalischer Gebiete bekannt. Besonders wichtig: die Optik. Wenn Lichtpakete als Solitonen durch eine Glasfaser laufen, stabilisieren sie sich selbst wie Russells Wasserbuckel und sind somit weniger anfällig für Störungen – wichtig für die optische Nachrichtenübertragung.

Wasser ist noch für viele andere interessante Phänomene gut. 1836 gab ein französisches Marine-Handbuch den Rat, Schiffe in wellenreicher See in gehöriger Distanz zueinander ankern zu lassen, anderenfalls sie sich mit womöglich fatalen Konsequenzen anzögen. Eine mögliche Ursache wurde erst 160 Jahre später gefunden: Zwischen der Bordwänden beider Schiffe kann nur ein im Vergleich zu den Außenseiten eingeschränktes Wellenspektrum existieren. Der äußere „Wellenüberschuss“ kommt einem Druck gleich, der die Schiffe aufeinander zu treibt. Ein ähnlicher Effekt wird in der Gestalt der „Casimir-Kraft“ heute sogar für die Nanotechnologie interessant.

INFO

ELFE UND KOBOLDE ÜBER DEN WOLKEN

Seit Menschen über den Rand ihrer Atmosphäre hinaus sehen können, tun sich neue Wunder auf. Eines erscheint, wenn vom oberen Wolkenrand ein besonders starker Blitz zu Boden rast: über der Gewitterwolke, in 50 bis 80 Kilometern Höhe, flackert dann zuweilen ein rotes, flächiges Leuchten. „Elfen“ (engl. Sprites) hat die Wissenschaft diese Erscheinung getauft. „Kobolde“ dagegen sind ebenso ätherische schmale, senkrecht leuchtende Streifen, die für das menschliche Auge gerade noch erkennbar sind. Und es gibt noch weitere Rätsel zwischen Himmel und Erde wie „blaue Jets“, die aus einer Gewitterwolke mit irrsinnigem Tempo fast senkrecht in die Höhe schießen. Piloten, die über solche Dinge berichteten, wurde zunächst nicht geglaubt, erst Satellitenmessungen und Fotos vom Space Shuttles aus machten das Naturschauspiel dingfest. Zurückzuführen ist es offenbar auf „Funkensprünge“ zwischen den Wolken und elektrisch geladenen Luftschichten in großer Höhe.

Über dem **Horizont**

„Bei der Eroberung des Weltraums sind zwei Probleme zu lösen: die Schwerkraft und der Papierkrieg. Mit der Schwerkraft wären wir fertig geworden.“

Wernher von Braun (1912 - 1977), amerikanischer Raumfahrtpionier dt. Herkunft

Die Gravitationskraft gelangte in der Öffentlichkeit zu großem Ruhm, weil sie von Isaac Newton in eine Formel gebannt wurde, die die Bahn der Planeten und des Mondes berechenbar machte. Die Schwerkraft ist eine relativ schwache Kraft, was auch Newton bemerkte, tatsächlich braucht man schon einen Planeten vom Format der Erde, um an dessen Oberfläche ein Weizenbier dauerhaft im Glas zu halten. Mars, der an seiner Oberfläche immerhin noch ein Drittel der Erdanziehung produziert, hat sein Wasser weitgehend preisgeben müssen. Der Mars ist staubtrocken und seine Lufthülle im Vergleich zur irdischen nur ein Hauch. Das Weizenbier würde sich dort – wegen des geringen Luftdrucks – schnellstens verflüchtigen.

„Schwach“ ist natürlich relativ, Versicherungen führen die Gravitation als Schadensursache an vorderster Stelle, und auf der Ebene der Sterne und Galaxien, des Kosmos, ist die Schwerkraft dominant.

Die Schwerkraft muss unter Umständen kunstvoll gestrickt sein, um auf einem Planeten intelligentes Leben zuzulassen. Die Fachwelt ist sich derzeit nämlich nicht sicher, ob Sonneneinstrahlung, Masse und chemische Zusammensetzung für einen Planeten tatsächlich die wesentlichen Größen für eine wohnliche Welt sind, oder ob nicht auch ein natürlicher Begleiter, wie wir ihn haben, zwingend dazu gehört. Der Mond nämlich erzeugt auf der ihm zugewandten Seite der Erde durch seine Schwerkraft eine Beule, vornehmlich aus Wasser. Auf der dem Mond abgewandten Seite der Erde entsteht ebenfalls eine Beule, die durch Fliehkräfte produziert wird. Denn Erde und Mond bewegen sich um einen gemeinsamen Schwerpunkt, der knapp unter der Erdoberfläche liegt. Weil die Erde rotiert, wandern auch die Beulen über unseren Planeten, was sich unter anderem in den Gezeiten bemerkbar macht. Der auf Dauer wichtigere Effekt: Der Mond stabilisiert so, mechanisch, die Drehachse der Erde. Wäre das nicht der Fall, hätte die Erde auch Epochen

Erde und Mond pflegen seit Jahrmilliarden eine innige Beziehung. Der Erdtrabant sorgt für Ebbe und Flut und stabilisiert die Drehachse unseres Planeten. (Bild: Photodisc)

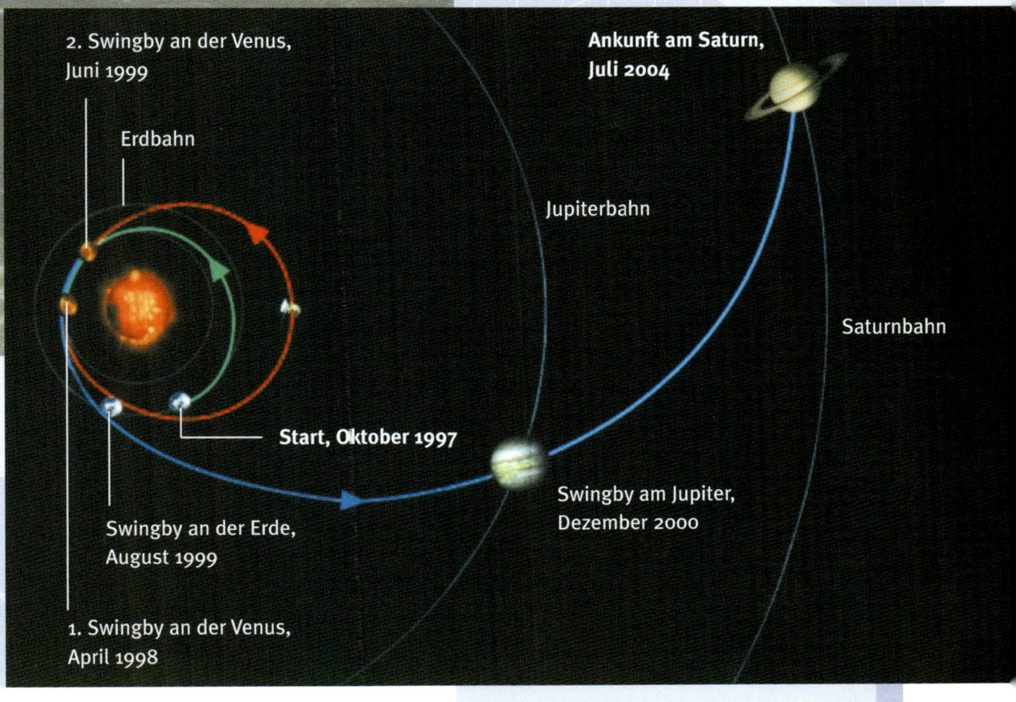

Besuch beim „Herrn der Ringe“: Seit dem Sommer 2004 kreist die Raumsonde *Cassini* um den Planeten Saturn. (Bild: NASA/JPL)

erlebt, in denen die Erdachse in der Ebene der Erdbahn lag. Unter solchen Umständen wären an den Polen extreme Temperaturunterschiede aufgetreten, die womöglich klimatische Katastrophen und damit das Ende allen höheren Lebens bedeutet hätten.

Dem Erdtrabanten haben wir womöglich auch die Existenz unserer technischen Zivilisation zu verdanken. Die mittlerweile respektable Einschlagstheorie nämlich sieht den Mond als das Produkt des streifenden Zusammenstoßes der Erde mit einem marsgroßen Himmelskörper an. Beim großen Crash vor über vier Milliarden Jahren wurde ein großer Teil der auf dem Erdmantel schwimmenden Erdkruste in den Weltraum befördert. Die Restkruste war lückenhaft. Sie ließ Raum für Ozeanbecken, und hatte nun auch genügend Bewegungsfreiheit, in Schollen über den heißen, in geologischen Zeiträumen durchaus mobilen Erdmantel zu driften. An den Rändern zusammen stoßender Kontinentalschollen türmten gigantische Kräfte dann Gebirge wie die Alpen oder den Himalaya auf. Ohne diese Plattentektonik wäre die Erde eine ziemlich glatte Kugel und – bis auf gelegentlich hoch wachsende Vulkankegel – vollständig von Wasser bedeckt. In einer Wasserwelt aber hätte unsere Technik nicht entstehen können. Kein anderer Planet unseres Sonnensystems hat eine derart mobile Kruste.

Die Erde im Blick

Das Interesse an der Schwerkraft wird in Zukunft wachsen, weil die Techniker zu ihrer Messung ständig besser werden. Seit Juli 2000 umzirkelt CHAMP die Erde, ein Satellit, dessen Position im Zusammenspiel mit eben dem GPS-Satellitensystem bestimmt wird, das auf der Erde Autofahrern den Weg weist. Das Ergebnis ist eine Karte des Schwerefeldes der Erde. Seit März 2002 zeichnet an dieser Karte das

INFO

VON PLANET ZU PLANET

Die Raumfahrt beherrscht das Spiel mit der himmlischen Gravitationskraft mittlerweile perfekt. So hangeln sich Sonden durch die Gravitationsfelder verschiedener Himmelskörper und gewinnen dabei an Schwung (engl. Swingby), was Treibstoff spart. Die *Voyager*-Sonden hat es so als erste ganz aus dem Sonnensystem getrieben. Und auch die Raumsonde *Cassini* bedient sich solcher Manöver, um – vorbei an Venus, Erde und Jupiter – den Saturn anzusteuern. Nach siebenjähriger Reise und einer Strecke von rund drei Milliarden Kilometern erreichte der irdische Gesandte im Juli 2004 den Ringplaneten. (Bild: NASA)

INFO

URGEWALTEN

Titanische Kräfte formten nicht nur die Erdoberfläche. Brachiale Gewalten vermuten Forscher auch hinter den Narben des Roten Planeten. Die Furchen auf seiner Oberfläche rühren mutmaßlich von tektonischen Kräften her, die die Marskruste regelrecht aufgerissen haben und den *Valles Marineris* – einen Canyon mit 600 Kilometer Breite am Zentralteil – entstehen ließen. An anderer Stelle ragt mit dem *Olympus Mons* der höchste Vulkan des Sonnensystems 25 Kilometer weit in den Himmel. Zudem gibt es Hinweise auf Erosion durch Wind und Wasser. Die Frage ob letzteres einst in flüssiger Form über den Mars strömte, führte jahrzehntelang zu hitzigen Debatten. Inzwischen jedoch deutet vieles auf ein „Ja" hin. Die neuesten Messdaten der Sonde *Mars Express* und die der mobilen Roboter *Opportunity* und *Spirit* lassen wenig Zweifel. (Bild: ESA)

← Das Projekt GRACE kartiert das Schwerefeld unseres Planeten, indem es kleinste Änderungen in der Flugbahn zweier Satelliten erfasst. Die Abbildung ist nicht maßstabsgetreu, tatsächlich halten die GRACE-Sonden rund 200 Kilometer Abstand. (Bild: NASA)

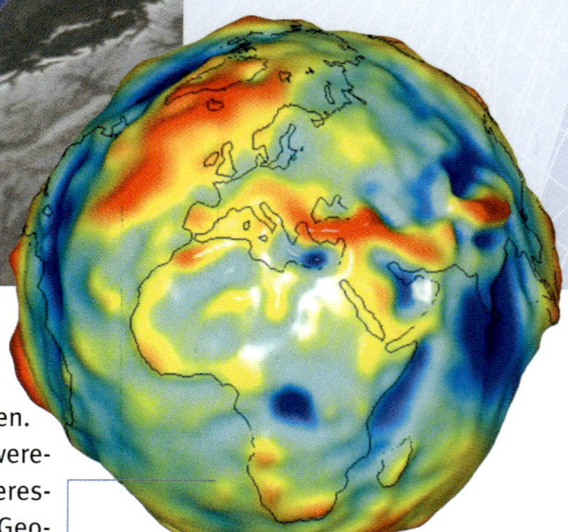

↑ Die Erdanziehung schwankt von Ort zu Ort. Auf dieser Karte sind Bereiche hoher Schwerkraft rot, Bereiche geringer Schwerkraft blau dargestellt. (Bild: U Texas/NASA/GFZ)

Satellitenpaar GRACE mit, das in 220 Kilometern Abstand hintereinander fliegt, dabei seine Relativposition bestimmt, Beschleunigungskräfte misst, Korrekturen bestimmt etc. Das Ergebnis ist eine noch genauere Karte des Schwerefeldes der Erde, die schon geophysikalische Eigenheiten wie die höhere Massenkonzentration an zusammen prallenden Kontinentalplatten erkennen lässt. Und 2006 wird eine modifizierte russische Interkontinentalrakete GOCE in einen nur 250 Kilometer hohen Erdorbit heben. GOCE ist ein Satellit mit hoch empfindlichen Beschleunigungsmessern, die noch den zehnten Teil eines Billionstels der am Boden gefühlten Erdschwere bestimmen können. Die Auflösung der resultierenden Schwerefeldkarten wird bei 100 Kilometern liegen. Ozeanographen werden aus den Schwerefeldanomalien dann auch tiefe Meeresströmungen rekonstruieren können, Geophysiker die Wurzeln der Gebirge sehen, mehr über Erdbebenursachen erfahren, Lagerstätten ausfindig machen und mehr. An den Gravitationsunternehmungen sind deutsche Wissenschaftler maßgeblich beteiligt.

Wenn der Raum erzittert

Als Beschreibung der Gravitation ist Einsteins Relativitätstheorie nach wie vor eine Klasse für sich. Zu ihren subtilsten Vorhersagen zählt die Existenz von Gravitationswellen, von kleinen Stauchungen und Dehnungen des Raumes, die sich im Weltraum mit Lichtgeschwindigkeit ausbreiten, ähnlich Wellen auf einem See. Auf der Erde liegt man bereits seit einigen Jahren auf der Lauer, hier ist u. a. die Messstation GEO600 in der Nähe von Hannover zu nennen. Doch bislang sind diese extrem schwachen Wellen den Forschern nicht ins Netz gegangen. LISA heißt das Satellitentrio von NASA und ESA, das sich ab 2011 ebenfalls um ihren Nachweis kümmern soll: drei Raumsonden, die in einem gleichschenkligen Dreieck von fünf Millionen Kilometern Seitenlänge wie die Erde um die Sonne kreisen und mit Lasern aufeinander zeigen. Die Laserstrahlen werden von Testmassen in den Raumsonden reflektiert – frei schwebende hochpolierte Platin-Gold-Würfel mit vier Zentimetern Kantenlänge – und zur Interferenz gebracht.

⇡ Vorbeiflug am Saturn mit Tempo 0,99c, d. h. mit 99 Prozent Lichtgeschwindigkeit. (Computersimulation: D. Weiskopf, Uni Stuttgart)

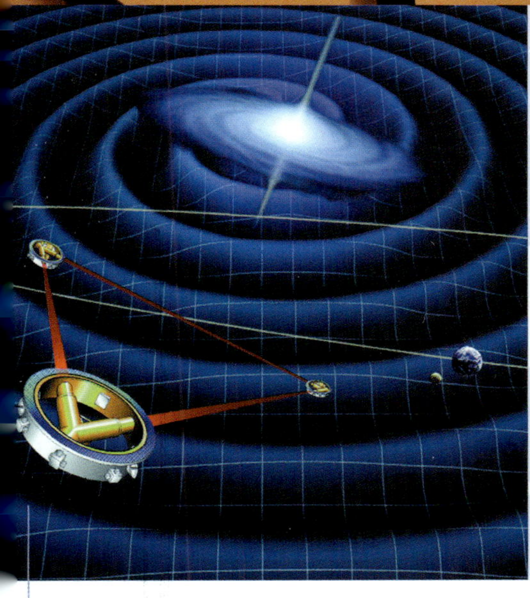

⇠ Das Sonden-Trio LISA soll die Ausläufer von Schwerkraftwellen aufspüren. Als Quelle der Erschütterungen ist hier eine Galaxie angenommen. Abgebildet ist außerdem ein Ausschnitt der Erdbahn, Mond und Erde sind rechts im Bild. (Bild: ESA)

MIT TOPSPEED

INFO

Albert Einsteins Relativität ist nichts Exotisches, wer mit einem Elektronenmikroskop zu tun hat, muss bei Experimenten mit flinken Elektronen „relativistische Korrekturen" berücksichtigen, auf die Anfänger für gewöhnlich stolz sind. Was aber sagt die Theorie darüber, wie Mr. Spock den Saturn sehen würde, wenn er fast lichtschnell vorbei flöge? Es fällt sehr schwer, sich das vorzustellen. Wie steht es etwa um die relativistische Längenkontraktion? Gemäß Einstein werden schließlich alle Objekte, die fast lichtschnell daherkommen, in Flugrichtung gestaucht. Nun, der Effekt ist vorhanden. Man kann ihn messen, aber erstaunlicherweise nicht sehen. Was daran liegt, dass hier noch Lichtlaufzeiten mit ins Spiel kommen. Relativistische Objekte erscheinen daher gedreht und verzerrt, nicht platt gedrückt. Und tatsächlich ist es Wissenschaftlern mittlerweile gelungen, Spocks Sehfeld physikalisch korrekt zu simulieren – mit Computerhilfe. Fazit: der Ring des Saturn sähe ganz schön verbeult aus.

Wenn der Raum im Strahlengang von Gravitationswellen erschüttert wird, teilt sich das den Interferenzmustern mit und schließlich – per Funk – den Wissenschaftlern am Boden. Ein Gravitationswellennachweis wäre eine weitere Bestätigung der Relativitätstheorie.

Wenn auch Gravitationswellen fernab ihres Entstehungsortes so schwach sind, dass sich ihre Entdeckung irdischen Instrumenten bislang entzogen hat – an der Quelle reicht ihre Kraft nach neuesten Erkenntnissen sogar, ein „Schwarzes Loch" aus der Bahn zu werfen. Tatsächlich ist in dieser dynamischen Welt nichts auf Dauer sicher, selbst unsere heimische Milchstraße – mit hundert Milliarden Sternen ein imposantes Territorium – wird sich in einigen Milliarden Jahren mit ihrem Nachbarn, der Andromeda-Galaxie, zu einem neuen Sternensystem vereinen. Und dann gibt es Streit: In beiden Galaxien sitzt im Zentrum ein Schwarzes Loch, eine Region, in der Millionen Sonnenmassen so dicht gepackt sind, dass selbst Licht ihr nicht entkommen kann. Bisher wurde angenommen, dass sich die Schwarzen Löcher bei solchen Fusionen immer zu einem neuen, noch mächtigeren vereinigen, dabei werden im großen Stil Gravitationswellen frei gesetzt. Neue Rechnungen zeigen, dass bei Verschmelzungen unterschiedlich großer Galaxien die entstehenden Gravitationswellen das Schwarze Loch des kleineren Partners aus dem Verband herausbugsieren können. Die Astronomie mit Gravitationswellen wird spannende Geschichten zu erzählen haben.

Relativistischer Augenschmaus

Wird je ein Mensch Augenzeuge solcher Ereignisse werden können? Das würde nur unter touristisch attraktiven Bedingungen Sinn machen, mit einem schnellen Raumschiff-Antrieb. Optimistische Physiker halten wieder die Casimir-Kraft, gespeist aus der Nullpunkts-Energie des Vakuums, für fähig, einen Warp-Drive zu befeuern. Würde der funktionieren – Wissenschaftler wüssten schon, was dicht an der Lichtgeschwindigkeit Reisende zu sehen bekämen. Der Saturn etwa wäre im lichtschnellen Vorbeiflug wunderbar verformt und verfärbt. Ach ja, dem Casimir-Effekt wird übrigens noch viel mehr zugetraut, er könnte sogar für die stetige Ausdehnung des Universums verantwortlich sein, und als eine Art Antigravitation auf großer kosmischer Skala wirken. Aber es muss nicht immer Casimir sein.

Tanz
der Elemente

Tanz in allen Töpfen

„Wir kennen die Temperatur im Inneren eines fernen Sternes, wissen aber nicht, wie es in einem Soufflé aussieht.“

Nicolas Kurti (1908 – 1998)
Physiker, Oxford

Hart knirschen die Kristalle in der Salzmühle. Zertrümmert zu feinen Kristalliten fallen sie durch die sprudelnde Wasseroberfläche, und tobende Wassermoleküle lösen die Natrium- und Chlor-Atome aus ihrem engen Verbund. Ein Paar hantiert in der Küche. Auf mehreren Flammen entsteht hier ein opulentes Menü. An der Salzmühle betätigt sich eine Frau im Abendkleid. Sie kocht Erbsen. In ihrem Topf mischen sich die Elemente und umspülen als siedende Lösung das organische Gewebe des garenden Gemüses.

Eigentlich ist die Salzmühle ein Witz, denn Salz verliert ja beim Lagern seinen Geschmack nicht. Daher muss es auch nicht „frisch“ gemahlen werden. Aber die Mühle ist schick und macht Spaß, und das ist auch nicht ganz unwichtig. Übrigens dient das Salz im Kochwasser gar nicht als Gewürz. Es hat nur indirekt Einfluss auf den Geschmack der fertigen Erbsen. Dennoch ist es von großer Bedeutung: Es sorgt dafür, dass die Erbsen ihren Mineralgehalt nicht verlieren. Denn in ungesalzenem Wasser wandern Natrium, Kalium und andere Mineralien, die in den Zellen der Erbsen gelöst sind, durch deren Membranhäute ins Kochwasser. Die Erbsen werden regelrecht ausgewaschen und schmecken fade. Eine genügend hohe Konzentration an Natrium im Kochwasser gleicht das Konzentrationsgefälle aus und verhindert so den drohenden Aromaverlust. Sie wirkt wie eine Waage mit gleichen Gewichten auf den Waagschalen.

Jetzt ist der Koch an der Reihe. Routiniert gibt er ein Steak in die Pfanne. Brutzelnd verdampft das Wasser aus den äußeren Gewebeschichten, zischt als Tröpfchen durch das heiße Öl, das optimale Brat-Temperatur hat. Diese liegt ein gutes Stück über 140 Grad Celsius, aber noch unter 200 Grad, damit das Fleisch nicht anbrennt. So bekommt es eine braune, aromatische Kruste. Es ist allerdings ein Irrglaube, dass das Fleisch dabei seine Poren schließt. In seiner Außenschicht laufen chemische Reaktionen ab, die nach dem Biochemiker Louis Camille Maillard (1878–1936) benannt sind. Der französische Forscher hatte entdeckt, dass beim Erhitzen in den Zellen des Fleisches Proteine mit dem ent-

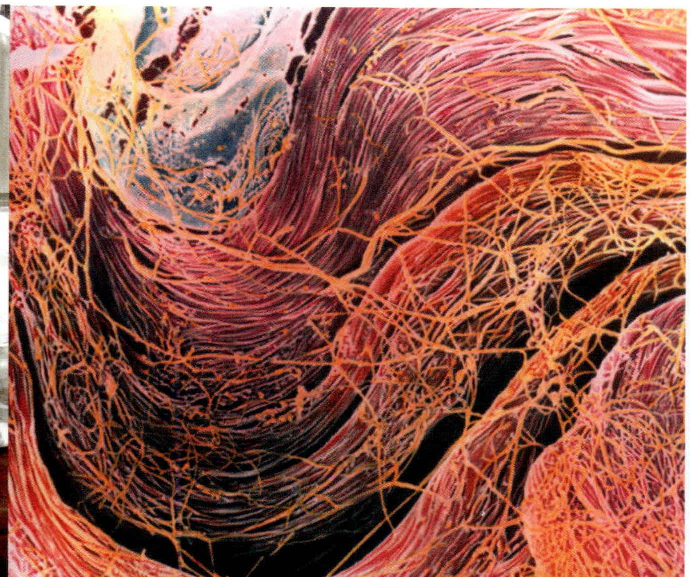

← ↑ Auch in der Küche begegnen uns die chemischen Elemente. In den unterschiedlichsten Kombinationen bilden sie Topf und Pfanne, Suppe, Salat, Hauptgang und Dessert. In diesen Erscheinungsformen reagieren die Elemente wie überall im Universum. (Fotos: photocase.de)

↗ Kollagen ist das häufigste Protein der Säugetiere. Die einzelnen Kollagenfasern bestehen aus großen Molekülen, die eine stabile Helixstruktur – eine Art dreifacher Wendeltreppe – bilden. Das Bild zeigt Kollagenfasern aus dem Bindegewebe. (Foto: sciencephoto.com)

haltenen Zucker reagieren. Das sorgt für die karamellbraune Färbung und den Bratengeschmack. Da sehr viele verschiedene Maillard-Reaktionen möglich sind, kann ein erfahrener Koch den Geschmack des Fleisches breit variieren. Er kann sie zum Beispiel durch Einpinseln mit einer zuckerhaltigen Marinade noch fördern: Honigmarinade auf dem Enten- oder Gänsebraten sorgt so für ein volles Aroma.

Hinter den routinierten Handgriffen der Köchinnen und Köche verbirgt sich eine nur wenig erforschte Welt, denn der Tanz im Suppentopf folgt einem komplexen Regelwerk aus physikalischen und chemischen Gesetzmäßigkeiten. Die meisten Abläufe sind bis heute nicht umfassend verstanden. Die Hauptdarsteller dieses Tanzvergnügens sind jedoch alte Bekannte. Es sind die chemischen Elemente, die uns in den verschiedensten Materieformen im Kochtopf begegnen: Salz und Zucker als kristalline, feste Materie, Fleisch oder Gemüse aufgebaut aus komplexen Biomolekülen, aber auch in Form der wunderlichen weichen Materie, zu der Gefrierbeutel aber auch die Mayonnaise zählen. In diesen Erscheinungsformen reagieren die Elemente wie überall im Universum: Sie bilden neue Substanzen und Gemische und setzen dabei Energie um. Mal gelingt das, und es entsteht etwas neues, manchmal zerfällt aber auch alles wieder in seine Bestandteile, wie eine schlecht gerührte Vinaigrette.

Diesmal jedoch ist alles geglückt. Der Salat glänzt frisch unter seiner würzigen Ölhaut, die Steaks sind auf den Punkt gegart und trotz aller Hektik ist sogar das Abendkleid sauber geblieben. Die Gäste sitzen bereits drüben an ihren Plätzen. Es kann losgehen!

INFO

STEAK HAWAII

Köche wollen, dass das Fleisch butterweich und saftig wird. Beim Garen nutzen sie aus, dass Hitze die Fleischfasern aus Kollagen aufbricht und in weichere Gelatine-Moleküle zerfallen lässt. Durch einen chemischen Trick lässt sich dieser Effekt noch unterstützen, denn Kollagen kann man auch anders knacken. Ananas enthält, wie auch Feigen oder Papaya, ein Enzym, das die stabile Struktur des Kollagens zersetzt. Wer das weiß, wird bald die zartesten Steaks zustande bringen. Mit einer Injektionsnadel kann man den frischen (!) Fruchtsaft leicht in das Fleisch hineinspritzen. Danach müssen die Enzyme einige Stunden wirken. Dazu schlägt man die Steaks in Aluminiumfolie und legt sie bei etwa 70 Grad Celsius (nicht heißer!) in den Backofen. Anschließend wie gewohnt in der Pfanne braten – fertig ist eine physikalisch-chemische Köstlichkeit!

(Foto: photocase.de)

Von der Ursuppe zur harten Materie

„Es gibt nichts Praktischeres als eine gute Theorie."
IMMANUEL KANT (1724-1804)
DT. PHILOSOPH

Der Urknall hatte eine unvorstellbare Hitze entfaltet. Als das junge Universum danach abkühlte, entstand erst langsam die Materie. Nach den leichten, einfachen Elementen bildete sich nach und nach das ganze Spektrum der Atome, wie wir es heute kennen.

Zunächst bevölkerten Wasserstoff, Helium und das Metall Lithium den Weltraum in großen kosmischen Gaswolken. Doch an einigen Orten verdichteten sie sich zu Sternen, und dort setzte sich ein völlig neuer Mechanismus in Gang, der noch heute an verschiedenen Orten im Weltall immer wieder abläuft. Bei großer Hitze von einigen Millionen Grad verschmelzen Wasserstoffatome zu Helium. Sobald ein Stern seinen Wasserstoffvorrat verbrannt hat, bläht er sich zum so genannten Roten Riesen auf und produziert immer schwerere Atome bis hinauf zum Eisen, die ersten 26 Elemente des Periodensystems. Die restlichen Elemente entstehen nur, wenn große Sterne sterben: Gigantische Supernova-Explosionen brüten Kobalt, Nickel, Kupfer sogar das schwere Uran aus und schleudern sie in die Weite des Alls.

114 verschiedene Atomsorten kennt unser Periodensystem heute, rund 90 kommen auf natürliche Weise auf der Erde vor. Mit einer verblüffend kleinen Auswahl davon begnügt sich ausgerechnet die komplexeste irdische Materie, die lebenden Organismen. Unser Körper besteht hauptsächlich aus Wasserstoff, Sauerstoff, Kohlenstoff und Stickstoff. Hinzu kommt eine Prise Calcium für die Knochen, Eisen für die roten Blutkörperchen und einige Spurenelemente. Aus diesen wenigen Bausteinen bestehen die Milliarden verschiedenartiger Moleküle, die in den Zellen unseres Körpers ihr kompliziertes biochemisches Ballett tanzen. Die atomaren Bausteine entstammen dem Kosmos – wir sind also nichts als Sternenstaub.

Wie wir selber bestehen auch die einzelnen Atome aus wenigen, einfachen Bausteinchen. Jedes Atom enthält nur drei verschiedene Bestandteile: Elektronen bilden seine Hülle, Protonen und Neutronen den winzigen Kern. Eine Ausnahme ist der sparsame Wasserstoff, der mit einem Pro-

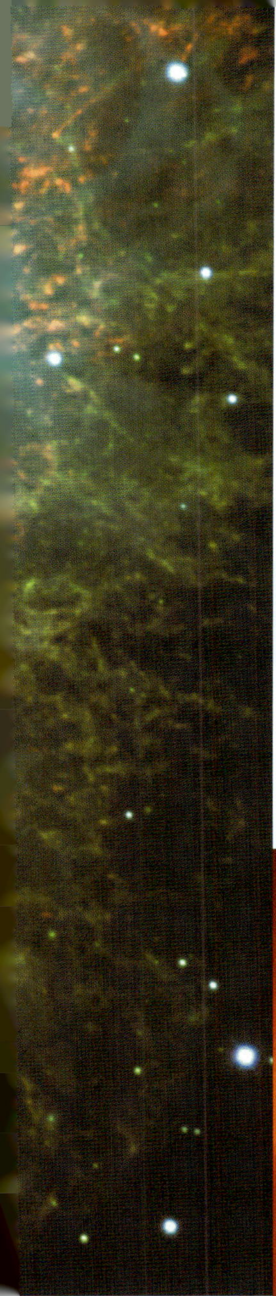

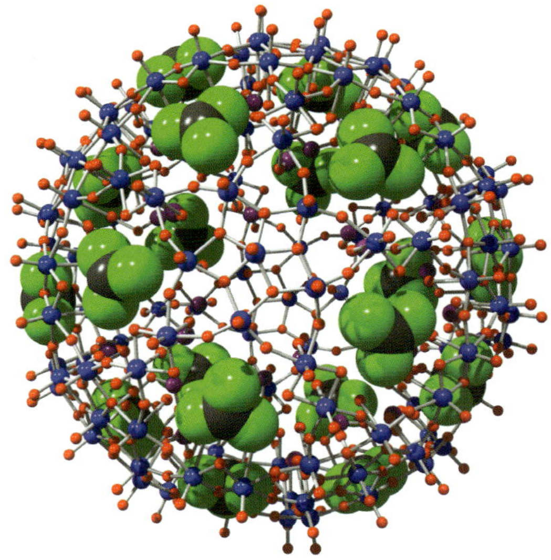

⇢ Diese „Zauberkugel" ist ein riesiges Molekül aus 132 Molybdän-Atomen (blau) und anderen Atomen. Es besitzt 20 Poren, in die kleinere Moleküle (große grüne und schwarze Kugeln) hinein passen. (Grafik: A. Müller, Uni Bielefeld)

⇠ ⇣ Der Krabbennebel ist der Rest einer Supernova. Solche Supernovae und normale Sterne wie unsere Sonne (unten) brüten fast alle Elemente unserer Welt aus. (Fotos: ESO, ESA)

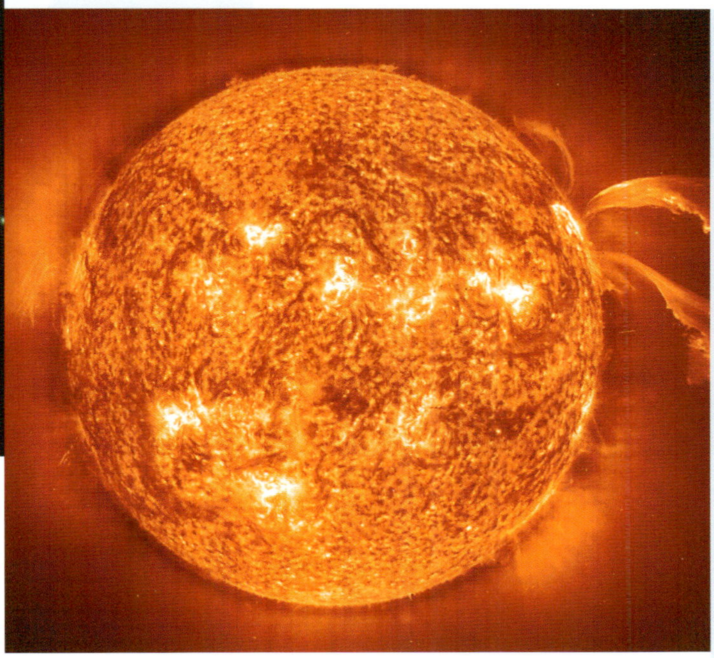

INFO

GIBT ES ATOME?

„Haben's schon eins gsehn?", kanzelte Ernst Mach alle Kollegen ab, die ihm mit Atomen kamen. Der berühmte österreichische Physiker des 19. Jahrhunderts wurde später mit der Maßeinheit „Mach" für die Schallgeschwindigkeit unsterblich. Beim Atom aber irrte er sich gewaltig: Vehement bekämpfte er die Atomisten wie Ludwig Boltzmann, seinen genialen Wiener Widersacher. Zwar hatten die Griechen schon in vorchristlicher Zeit die Idee vom Atom als kleinstem Materiebaustein entwickelt. Doch im Zuge der wissenschaftlichen Entwicklung hatte man diese Vorstellung – gemeinsam mit der Vier-Elemente-Lehre – mittlerweile über Bord geworfen. So dauerte es eine ganze Weile, bis das Atom wieder zu wissenschaftlicher Glaubwürdigkeit kam. Mach selber konnte erst überzeugt werden, als ihm nach der Jahrhundertwende in einem Experiment die Wirkung einzelner Atome als Lichtblitze vorgeführt wurden.

ton und einem Elektron auskommt. Die Zahl Drei spielt offenbar eine besondere Rolle in der Natur, denn die Protonen und Neutronen bestehen wiederum aus jeweils drei Teilchen, den berühmten Quarks. Physikern gelang es nach und nach, diese Welt von größter Einfachheit zu entdecken und immer noch erschließen sie die ungeheure Komplexität und Vielfalt, die in der Kombination ihrer Bestandteile begründet liegt.

Jedes Element hat besondere chemische Eigenschaften, die vom inneren Aufbau der zugehörigen Atomsorte abhängen. Die Materialien unserer Umwelt bestehen aus vielen Atomen. Ihre Eigenschaften hängen von den chemischen Bindungen ab, mit denen sich die Atome zu größeren Strukturen organisieren. Dafür sind die Elektronen aus der äußersten „Schale" der Atome zuständig. Aus Sicht eines Atomkerns sind diese Elektronen ferne Trabanten – ungefähr wie der Planet Pluto von der Sonne aus gesehen. Da sie relativ frei beweglich sind, können sie mit den Außenelektronen anderer Atome Bindungen eingehen. Je nach Art der chemische Bindung bauen sie verzweigte Moleküle oder regelmäßige Kristalle.

Auf der Erde begegnet uns Materie in den drei Aggregatzuständen gasförmig, flüssig und fest. Welchen Aggregatzustand ein Stoff einnimmt, bestimmen die Bindungen zwischen seinen Atomen oder Molekülen. Ist dieser Elektronenkitt schwach, dann ist der Stoff bei den Temperaturen und dem Druck unserer Atmosphäre ein Gas. Seine Moleküle fliegen frei durch den Raum, wie die Kugeln eines dreidimensionalen Billards.

Mit stärkeren Bindungskräften wird ein Stoff flüssig. Die Atome oder Moleküle gleiten eng aneinander vorbei, wie Tänzer auf einer sehr vollen Tanzfläche. In Festkörpern sind die Bindungskräfte am stärksten: Fast wie die Stecker von Legosteinen fügen sie die Atome aneinander

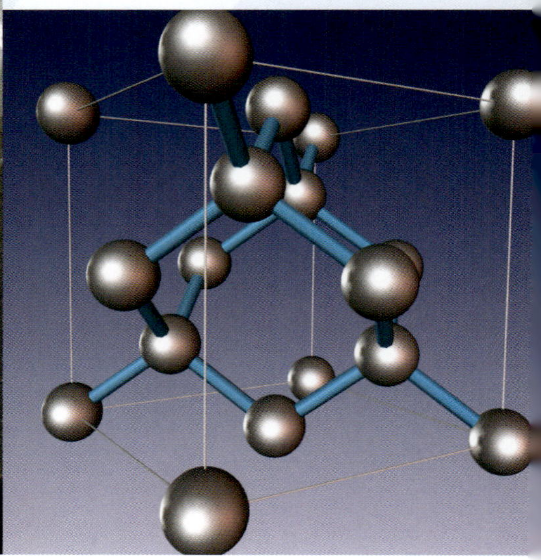

⇠ Druck, Temperatur und andere Umgebungsbedingungen beeinflussen das Kristallwachstum. Sie prägten die Gestalt dieses Bergkristalls. (Foto: T. Seilnacht, www.seilnacht.tuttlingen.com)

⇢ Ein Eiskristall wächst im Labor in eineinhalb Stunden zu einem Dendriten mit einem Durchmesser von über 2 cm. (Fotos: K. Libbrecht, CALTECH, Pasadena)

INFO

WIE KANN MAN KRISTALLGITTER „SEHEN"?

Röntgenlicht oder Neutronenstrahlen können Kristallgitter sichtbar machen, weil ihre Wellenlängen ähnlich groß sind, wie die Abstände der Atome im Gitter. Jedes Atom bricht diese Wellen in alle Raumrichtungen. Es wirkt dadurch fast wie ein kleiner Sender, der Störwellen ausstrahlt. In manchen Ausbreitungsrichtungen löschen sich die überlagerten Wellen aller Atom-„Sender" aus, in anderen verstärken sie sich. Ein Film oder Schirm kann das als Muster aus Lichtpunkten sichtbar machen. Jedes Punktmuster enthält dann Informationen über die räumliche Struktur des Kristallgitters. Daraus können Physiker dann den exakten Aufbau des Kristallgitters berechnen.

und ordnen sie zu wundervoll gleichmäßigen Kristallgittern. Bei fehlerfreier Perfektion sprechen Physiker vom idealen Kristall. Die meisten harten Materialien unserer Umwelt sind allerdings weder ideal noch reine Kristalle. Und auch zwischen flüssig und fest gibt es einen Spielraum: Viele Materialien sind weich. Sie bestehen aus großen Molekülen, die sich zu noch größeren Strukturen anordnen.

Nicht alle Kristalle sind hart und durchsichtig wie Kochsalz oder Bergkristall. Auch Metalle bestehen zum Beispiel aus winzigen Kristallen. In metallischen Kristallgittern sind die äußeren Elektronen der Atome relativ frei und verbinden die Atome nicht so fest. Deshalb leiten Metalle gut elektrischen Strom oder Wärme und können sich plastisch verformen. Manche Elemente können sogar – abhängig von den äußeren Bedingungen – unterschiedliche Kristallgitter aufbauen: Reiner Kohlenstoff formiert sich zum Beispiel unter hohem Druck zum harten Diamantkristall, sonst bevorzugt der Verwandlungskünstler den weniger festen, schmierig-glänzenden Graphitkristall.

Kristalle wachsen auf sehr komplexe Weise. Deshalb weicht ihre äußere Gestalt oft stark vom geometrischen Aufbau ihres Atomgitters ab. Das Atomgitter verhält sich zum Kristall wie eine Ziegelmauer zu einem Haus: Dessen äußere Form hängt nicht von der Art ab, wie die Ziegel aneinander gesetzt sind. Ebenso wenig sagt die Gestalt eines Bergkristalls etwas über sein atomares Kristallgitter aus. Sie gibt dafür Hinweise auf Temperatur, Druck und andere Bedingungen während seines Wachstums. Je nach Umweltbedingungen können Kristalle in vielfältig verästelten Formen wachsen, die Dendrite genannt werden. In einer kalten Wolke entstehen zum Beispiel Eiskristalle als Dendrit-Sterne. Gemeinsam bilden diese dann die Schneeflocken.

Doch nicht nur die Natur, auch wir Menschen können aus kristallinem Material winzige Strukturen herstellen: Mikrochips

···› Rohdiamanten und geschliffene Brillanten sind Kristalle aus Kohlenstoff-Atomen. Bei rund 800°C brennen sie sogar an der Luft. (Fotos: De Beers)

‹··· Das Kristallgitter eines Diamanten ist vollständig aus Kohlenstoff-Atomen aufgebaut. (Grafik: U. Schwarz, MPI für chemische Physik fester Stoffe)

aus Silizium sind Alltag geworden. Um in Zukunft noch feinere Strukturen verfügbar zu machen, gibt es verschiedene Ansätze. Eine Idee fasziniert die Forscher besonders: Sie möchten den natürlichen Drang von Atomen und Molekülen ausnutzen, von selbst Strukturen zu bilden.

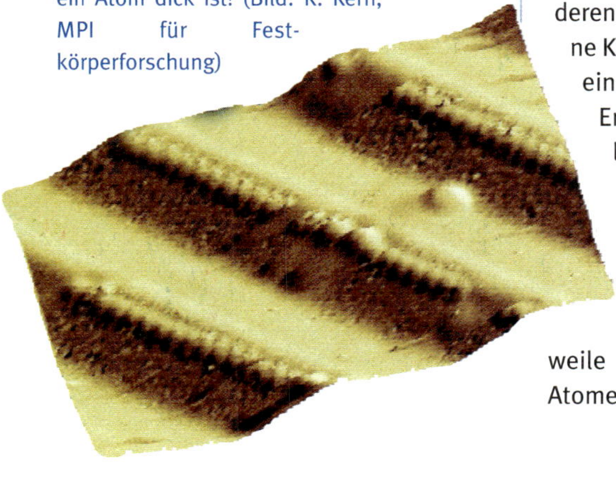

·⸽· Eine Reihe von Kobaltatomen auf einer Oberfläche aus Platinatomen. Dieser „Nanodraht" verhält sich wie ein kleiner Magnet, obwohl er nur ein Atom dick ist! (Bild: K. Kern, MPI für Festkörperforschung)

Ein Testfeld für solche selbstorganisierenden Strukturen können Kristalloberflächen sein. Stuttgarter Physiker brachten beispielsweise einzelne Kobaltatome dazu, sich auf einer gestuften Platinoberfläche in gleichmäßigen, nur ein Atom dicken Reihen anzuordnen. Die Atome richteten sich in den Reihen von allein zu einem gemeinsamen Magnetfeld aus, wie die Eisenatome in einem massiven Magneten. Die Physiker nutzten dabei einen besonderen Effekt: Kobaltatome wirken wie kleine Kompassnadeln mit einem Nord- und einem Südpol. Vielleicht führt diese Entdeckung eines Tages zur Entwicklung magnetischer Datenspeicher mit extrem hoher Kapazität.

Zur Selbstorganisation ist auch der Tausendsassa Kohlenstoff fähig. Forscher können ihn mittlerweile dazu bringen, aus vielen Tausend Atomen sehr gleichmäßige Nanoröhrchen

INFO

EINFACH IDEAL!

Idealisieren macht's einfacher. Nach diesem Motto arbeiten Physiker, um die komplexen Vorgänge der Natur berechnen zu können. Wenn das Ergebnis stimmt, lassen sie dafür schon mal alle Fünfe gerade sein. Wenn man z.B. ausrechnen will, wie lange eine Kaffeetasse vom Schreibtisch zum Boden braucht, muss man nicht für jedes einzelne Atom eine neue Flugbahn kalkulieren. Es reicht, sich die Tasse als kompakten Klotz zu denken – und nur ein Malheur zu berechnen. Ähnlich ist es beim idealen Kristall, der Vorstellung eines absolut regelmäßigen Kristallgitters ohne Fehler. In der Natur gibt es diesen Kristall nicht. Doch das Bild taugt als Modell zur Vereinfachung vieler Berechnungen. Manchmal jedoch versagt es auch völlig: Sandstein etwa verhält sich gar nicht ideal, denn er besteht aus unzähligen Einzelkristallen, die selbst wiederum voller Fehler sind. Es liegt im Geschick der Physiker zu erkennen, wann ihre Modellvorstellung statthaft ist und wann nicht.

zu bilden. Diese winzigen, sehr harten Röhrchen öffnen vielleicht die Tür zur Entwicklung ganz neuer Materialien.

Die Herstellung solcher Strukturen ist immer schwierig, denn auch in der Welt der kleinsten Teilchen benötigt der Aufbau und Erhalt von Ordnung sehr viel Energie. Nur mit hohem Aufwand und peinlicher Sauberkeit gelingt es daher der Halbleiterindustrie, künstlich fast 100%ig ideale „Einkristalle“ aus Silizium zu ziehen. Die Natur bevorzugt dagegen einen Mittelweg, eine gepflegte Unordnung: Natürliche Kristalle sind voller Fehler, selbst wenn sie perfekt aussehen. Chemische Verunreinigungen geben ihnen Farbe und schaffen die bunte Palette der Edelsteine und Halbedelsteine. Fast immer verzerren Störstellen und Versetzungen die Kristallgitter.

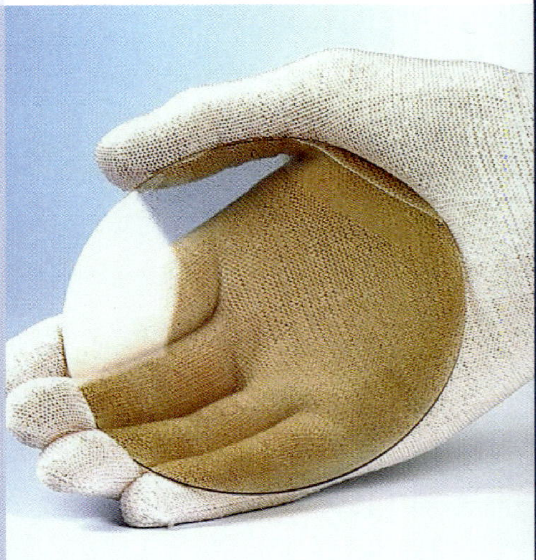

INFO

BRILLANTER DURCHBLICK

Materialforscher können heute über zehn Zentimeter große Scheiben aus künstlichem Diamant herstellen. Dazu benutzen sie ein Gasgemisch aus Wasserstoff und Methan. Bei Temperaturen von 800 Grad Celsius reagieren die beiden Gase chemisch und setzen Kohlenstoff-Atome frei. Ein trickreiches Verfahren bringt den Kohlenstoff dazu, sich auf einer kühleren Oberfläche zu einer gleichmäßigen Scheibe aus kleinen Diamantkristallen abzulagern. Solche superharten Fenster werden in Laseroptiken oder Hochleistungs-Mikrowellenröhren eingesetzt. Physiker arbeiten auch an elektronischen Chips aus Diamant für Spezialanwendungen.
(Foto: P. Koidl, Fraunhofer-IAF)

Unter mechanischer Spannung breiten sich diese Fehler im Kristall aus. Ist er hart und spröde, dann reißt er und zerspringt. Bei Metallen dagegen kann das weiche Kristallgitter der Spannung durch Versetzungen ausweichen, und das Stück verformt sich. Materialforscher können diesen Prozess mittlerweile auf Supercomputern simulieren. So können sie studieren, wie technische Bauteile ermüden.

Die Grundlage einer solchen Simulation ist immer ein mathematisches Modell, das die Abläufe im Inneren der Materialien möglichst detailgetreu beschreibt. Ideale, hoch geordnete Kristalle können die Forscher schon lange sehr gut mit den Mitteln der Quantentheorie erfassen: Das Verhalten der Atome und Elektronen im Kristallgitter erinnert an die schwingenden Saiten einer riesigen Harfe, deren harmonischer Gesamtklang sich elegant in mathematische Formeln fassen lässt. Das verhalf auch der Halbleitertechnologie mit ihren fast perfekten Kristallen zum Durchbruch.

Metalle und viele andere Werkstoffe wie Steine oder Sandkörner sind nun aber ein Gemisch aus vielen kleinen Kristallen. Diese so genannten Kristallite verhalten sich im Materialverbund wie ein ganzes Orchester voller Harfen, die alle wild durcheinander tönen. Welche dieser Harfen nun den Ton angeben, welche Schwingungseigenschaften also für das Materialverhalten entscheidend sind, ist schwer zu beurteilen. Nur mühsam gelingt es den Forschern, entsprechende Formelsätze zu entwickeln. Mittlerweile kann man auf dem Computer

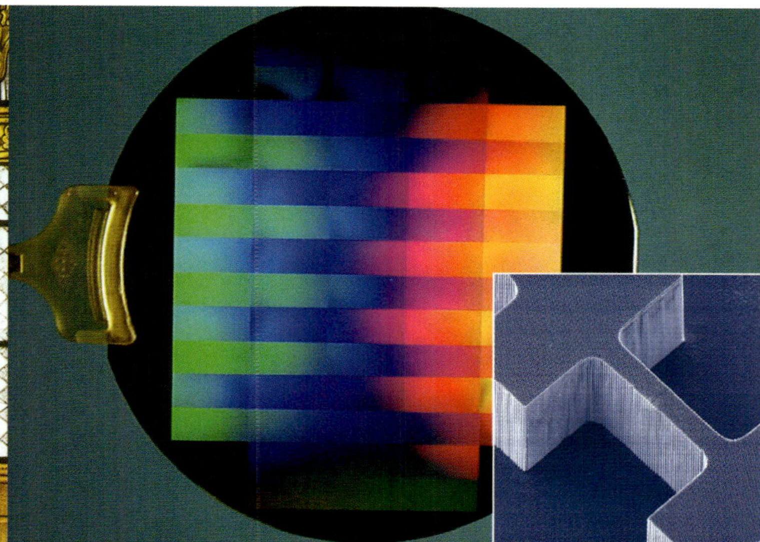

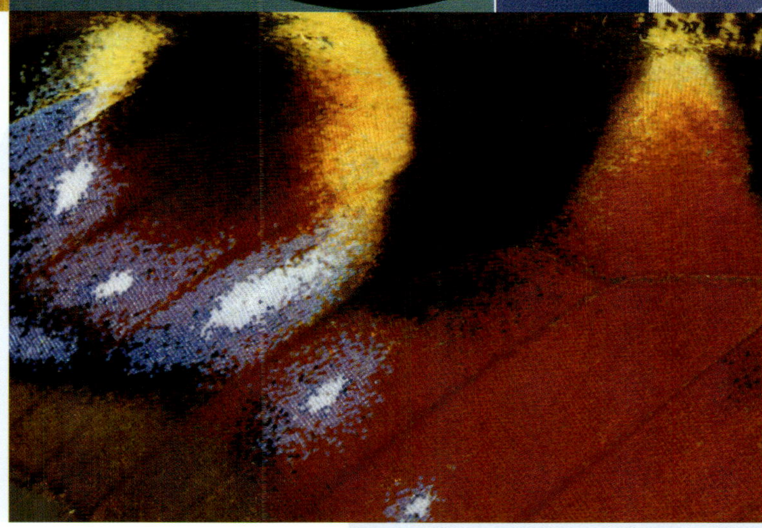

↑ Sind alte Kirchenfenster unten dicker, weil das Glas über die Jahrhunderte unter der Schwerkraft fließt? Zum Glück nicht. Das Foto zeigt einen Ausschnitt des Passionsfensters im nördlichen Seitenschiff des Kölner Domes. (Foto: Dombauverwaltung Köln)

← Presst man aus einem Metallblech einen „Napf“, dann bildet dieser am oberen Rand unerwünschte Zipfel. Das liegt daran, dass die Atome beim Umformen in manche Richtungen besser fließen als in andere. Diese Computersimulation kommt der Wirklichkeit schon sehr nahe. (Bilder: D. Raabe, MPI für Eisenforschung)

das Fließen von Metallen beim Verformen sehr realistisch nachbilden. Unter Druck verhalten sie sich wie zäher Honig, aber mit einem wichtigen Unterschied: Die Atomgitter der Kristallite sorgen dafür, dass das Metall nicht in jede Richtung gleich gut fließt. Presst man aus einem Blech einen Becher, dann treibt dieses ungleiche Fließen unerwünschte Zipfel aus seinem Rand heraus. Ein neues Computer-Modell simuliert diese Zipfelbildung sehr erfolgreich. Das ist besonders für die Autoindustrie interessant, die ihre Karosserieteile möglichst ohne solche Materialfehler pressen möchte.

Augenscheinlich klar und makellos sind dagegen Gläser. Doch weit gefehlt! Gläser treiben die innere Unordnung auf die Spitze. In ihnen bilden die Atome ein völlig unregelmäßiges räumliches Netzwerk. Zwar ordnet sich jedes Atom mit seinen nächsten Nachbarn noch wie in einem Kristall an. Aber schon die übernächsten Nachbarn brechen aus dieser Ordnung aus: Weil Gläsern die atomare Fernordnung eines regelmäßigen Kristallgitters fehlt, ähneln sie eher einer Flüssigkeit. Schuld daran ist die extreme Zähigkeit einer abkühlenden Glasschmelze: Beim Erstarren bleiben die Atome auf dem Weg zu einem ordentlichen Kristallgitter einfach stecken.

Sind Gläser also vielleicht sehr langsam fließende Flüssigkeiten? Haben Jahrhunderte alte Kirchenfenster unter dem Einfluss der Schwerkraft messbar dickere „Füße“ bekommen? Zum Glück für unsere Kulturschätze ist das nicht der Fall. Erst nach einem Vielfachen der rund 15 Milliarden Jahre, die unser Universum alt ist, wäre ein solches Fließen messbar.

INFO

SCHMETTERLINGE BEFLÜGELN DEN COMPUTER

Schmetterlinge schillern in den schönsten Farben des Sonnenlichts, denn ihre Flügel enthalten winzige Strukturen mit besonderen Eigenschaften. Forscher imitieren diesen Effekt in Photonischen Kristallen. Das sind künstliche Kristall-Gitter aus einem lichtdurchlässigen Material. Im Gegensatz zu echten Kristallen sind ihre Gitterbausteine aber deutlich größer. So groß, dass die Wellen des sichtbaren Lichtes in den Zwischenräumen zu schwingen beginnen, wie eine Klavierseite. Dank dieser Mikrostruktur ist der Kristall in der Lage, Licht in seine Farben zu zerlegen, festzuhalten und sogar zu speichern. Aus Photonischen Kristallen könnten vielleicht einmal Schaltkreise für Computer entstehen, die mit schnellem Licht anstatt vergleichsweise langsamen Elektronen arbeiten. (Fotos: S. Tränkner, Forschungsinstitut Senckenberg; U. Gösele, MPI für Mikrostrukturphysik)

Die Entdeckung der Weichheit

„Die Tragödie der Wissenschaft – das Erschlagen einer schönen Hypothese durch eine hässliche Tatsache.“

Thomas Henry Huxley (1825-1895)
Brit. Zoologe

Die großen Epochen der menschlichen Kultur tragen die Namen harter, kristalliner Werkstoffe: Steinzeit, Bronze- und Eisenzeit. Eigentlich ist das ungerecht, denn seit grauen Vorzeiten sind auch weiche Materialien für uns lebenswichtig. Aus Leder und Naturfasern machen Menschen seit Jahrtausenden Schuhe, Kleider oder Segel. Eine uralte Handelsroute trägt sogar den Namen einer edlen Naturfaser, die Seidenstraße.

Unter dem Begriff „weiche Materie“ fassen die Physiker sehr verschiedene Materialien zusammen. Sie können ziemlich flüssig wie Mayonnaise sein oder relativ fest wie ein Gefrierbeutel oder eine Seidenfaser. Doch auch eine zähe Faser verhält sich nur beim Ziehen fest. Sie lässt sich aber leicht zusammen knäulen.

All diese weichen Materialien sind aus großen Molekülen aufgebaut. Weich sind sie deshalb, weil ihre Moleküle kein Kristallgitter bilden, sondern untereinander verschiebbar bleiben. Dennoch können sich die einzelnen Moleküle zu großen Strukturen anordnen. Ihr Verhalten erinnert an Fische eines Schwarms: Jeder einzelne Fisch ist relativ frei, trotzdem zeigt der Schwarm von weitem betrachtet eine innere Ordnung. Das liegt daran, dass alle Fische koordiniert ihre Nase in eine Richtung drehen. Verhielte sich der Schwarm wie ein Kristall, dann müsste jeder Fisch eine starre Position einnehmen. Der Schwarm könnte nur als steifer Block durchs Wasser ziehen.

Ein anderes Extrem sind Fische, die sich kaum um ihre Nachbarn kümmern. Sie koordinieren ihre Bewegungen nicht gemeinsam, sondern schwimmen als ungeordneter Haufen durcheinander. Ungefähr so verhalten sich die Moleküle, die eine einfache Flüssigkeit bilden. Wasser zählt dazu, allerdings mit Einschränkungen. Tatsächlich können seine Moleküle nämlich auch oberhalb des Gefrierpunkts in fast kristallinen Formationen tanzen, die aber sehr schnell wieder zerfallen.

⇡ Die Moleküle weicher Materie ordnen sich in Strukturen an, die mit einem Fischschwarm vergleichbar sind. (Foto: stock.xchng)

⇠ Seide ist eine sehr feine und zugleich feste Naturfaser. Menschen schätzen sie schon seit Jahrtausenden. Die Bilder zeigen Fragmente historischer Seidenstoffe, wie sie über die Seidenstraße gehandelt wurden. (Fotos: Deutsches Textilmuseum Krefeld)

⇣ Diese Computersimulation zeigt von links oben nach rechts unten, wie sich in Wasser aus 840 Wassermolekülen (blau) 100 amphiphile Moleküle zu einer Zweischicht-Membran organisieren: Deren Wasser liebende Köpfe sind rot, die Fett liebenden Füße grün dargestellt. Jeder „Schnappschuss" repräsentiert einen Zeitschritt von etwa einer Femtosekunde, das ist der Millionste Teil einer Milliardstel Sekunde! (Grafik: R. Lipowsky, www.mpikg-golm.mpg.de/lipowsky)

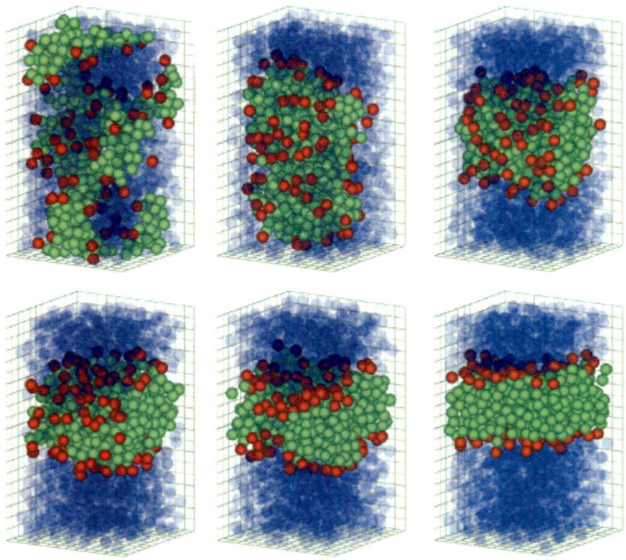

Weiche Materie ist also ein Zwischending. Sie bezieht ihre Eigenschaften aus einem Wechselspiel zwischen Ordnung und Unordnung. Deshalb verhält sie sich sehr komplex, wie zum Beispiel als Flüssigkristall in einem LCD-Bildschirm: Elektrische Felder können seine Moleküle zu lesbaren Zeichen anordnen. Mit Wasser oder Salatöl ginge das nicht.

Eine vertrautere Form weicher Materie sind Emulsionen wie Milch, Mayonnaise – oder Waschwasser. In ihnen mischen sich eine wässrige und eine ölige Phase, was eigentlich unmöglich ist. Stabile Emulsionen entstehen erst, wenn Amphiphile mitmischen. Ihr Name stammt aus dem Altgriechischen und heißt „beides liebend": Die eine Seite eines amphiphilen Moleküls „liebt" Wasser, die andere Fett. So können sie als dünne Schicht Wasser- und Öl-Moleküle miteinander verbinden, indem sie winzige Öltröpfchen in Wasser emulgieren – oder umgekehrt. Im Waschmittel sorgen sie als Tenside dafür, dass hartnäckige Fettflecken mit dem Waschwasser gelöst werden.

Aufsehenerregend sind die stabilen, feinen Mikroemulsionen. In ihnen mischen sich die wässrige und die ölige Phase nicht als Tröpfchen. Sie durchdringen sich als verzweigte, bewegliche Röhren, deren Wände aus einer Amphiphilschicht bestehen.

Zum wahren Meister der weichen Materie hat es aber die Natur gebracht. Jeder lebende Organismus baut komplexe weiche Strukturen. Dabei scheinen die Moleküle von selbst zu „wissen", wie sie sich mit anderen Molekülen verbinden müssen. Zellmembranen etwa, die in der Natur sehr unterschiedliche Aufgaben erfüllen, bestehen aus Amphiphil-Molekülen in einer Doppelschicht. Da in der Natur ihre Umgebung praktisch immer wässrig ist, strecken sie auf beiden Seiten der Membran ihre Wasser liebenden Köpfe nach außen. Ihre Fett liebenden Füße stekken im Inneren der Membran zusammen. Eine Computersimulation zeigt, wie sich Amphiphile von selbst im Wasser zu einer Doppelschicht-Membran organisieren.

Der Mensch hat längst von der Natur gelernt: Heute leben wir im Zeitalter der weichen Materie schlechthin, denn zu ihr zählen auch die allgegenwärtigen Kunststoffe. Es gibt sie in jeder erdenk-

Kontaktlinsen bestehen aus einem Netzwerk von Polymermolekülen. Die Anforderungen an das Material sind hoch: Der Linsenhersteller muss sie präzise bearbeiten können. Sie müssen gute optische Eigenschaften haben. Und das empfindliche Auge muss sie vertragen, weshalb sie zum Beispiel ausreichend Sauerstoff durchlassen müssen. Zugleich dürfen sich keine gefährlichen Bakterien in den Poren ansiedeln. (Foto: wöhlk-contact-linsen)

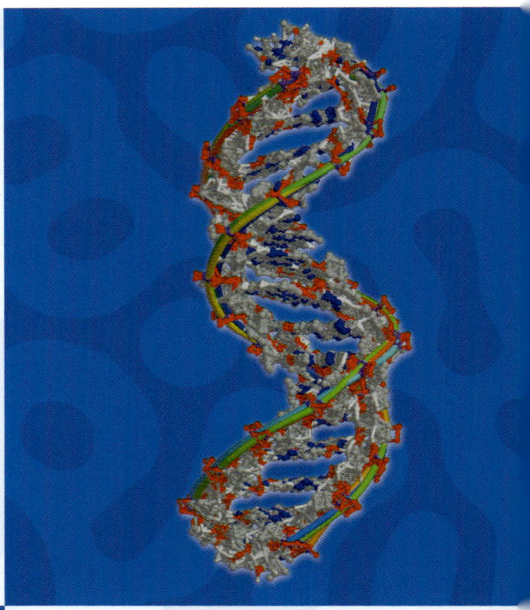

Die Erbsubstanz DNA ist ein Biopolymer. Bei Bakterien besteht sie aus einigen Millionen Monomer-Grundbausteinen. Bei Säugetieren erreicht sie mit rund drei Milliarden Monomeren eine Länge von einem Meter. (Grafik: H. M. Berman et al., The Protein Data Bank)

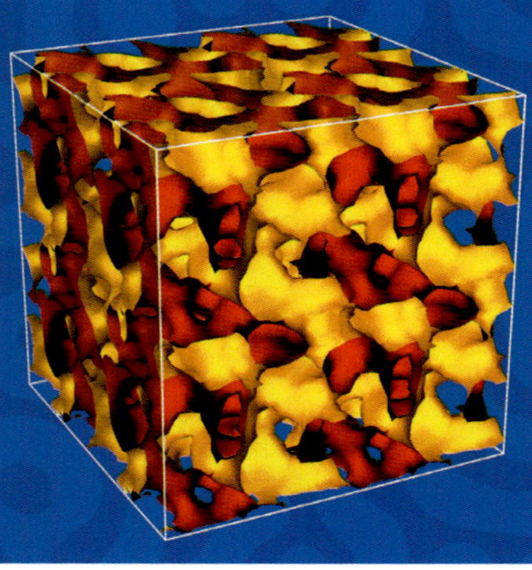

Computersimulation einer Mikroemulsion aus Öl, Wasser und Amphiphilen: Die gleichen Anteile von Wasser und Öl mäandern durcheinander, ohne Tröpfchen zu bilden. Mikroemulsionen sind besonders feine, stabile Mischungen. (Grafik: G. Gompper, Forschungszentrum Jülich)

INFO

DER WASCH-TURBO

Wissenschaftler des Forschungszentrums Jülich entdeckten eher zufällig, dass ihr neues Polymer ein Wasch-Turbolader ist: Es kann die Effizienz von Tensiden (waschaktive Substanzen) um fast 1000 Prozent erhöhen. Dr. Hitoshi Endo zeigt links ein Glas mit einem herkömmlichen Tensid: Zwischen der wässrigen und der öligen Phase sitzen nur ein paar Zentimeter Emulsion, in der das unfrisierte Tensid Öl und Wasser mischt. Nach Zugabe des Jülicher Polymers dehnt sich die Emulsionsphase plötzlich auf das komplette Glas aus, wie Dr. Jürgen Allgaier rechts stolz zeigt. Tenside sind auch wichtige Bestandteile von Hautcremes, Lotionen, Farben und Lacken. (Foto: Forschungszentrum Jülich)

lichen Form. Ihre Materialeigenschaften reichen vom reißfesten Autogurt bis hin zur weichen, aber optisch präzisen Kontaktlinse.

Kunststoffe bestehen aus einem Netzwerk großer Polymermoleküle. Polymere sind lange Molekülketten, die aus kleinen immer gleichen Grundbausteinen aufgebaut sind, den Monomeren. Ihr Name kommt von den altgriechischen Wörtern „mono“ und „méros“, was zusammen „ein Teil“ heißt. Wie Perlen reihen sich Monomere zu einer Kette und bilden so ein Polymer („viele Teile“). Solche Molekülketten können sich sehr variabel aneinander lagern und untereinander verschiedene chemische Bindungen eingehen. Das beeinflusst entscheidend die Eigenschaften des Materials. An Polymeren zeigt sich deutlich das – für weiche Materie typische – Wechselspiel zwischen Unordnung und Ordnung: So verknäult ein Molekül auch im Material stecken mag – es bleibt doch eine hochgeordnete Kette von immer gleichen Monomerbausteinen. Nicht nur Kunststoffe, sondern auch viele Biomoleküle sind Polymere: Dazu gehören einige Eiweiße, Collagen, Zellulose oder die DNA.

Polymere dringen heute sogar schon in das Gebiet der Elektronik vor, eigentlich eine Domäne harter kristalliner Halbleiter. Das ist erstaunlich, weil Kunststoffe wegen ihrer schlechten elektrischen Leitfähigkeit bislang eher als Isolatoren – zum Beispiel zur Ummantelung von Kabeln oder als Isolierband – eingesetzt werden. Chemiker und Physiker haben aber entdeckt, wie sie Polymeren die Eigenschaften von elektrischen Leitern oder Halbleitern beibringen können.

Herausgekommen sind dabei „organische“ Elektroniken auf Kunststoff-Folien. Diese Folien ermöglichen zwar längst

Diese hohle Polymerkapsel ist etwa fünf Mikrometer (Millionstel Meter) klein. (Bild: MPI für Kolloid- und Grenzflächenforschung)

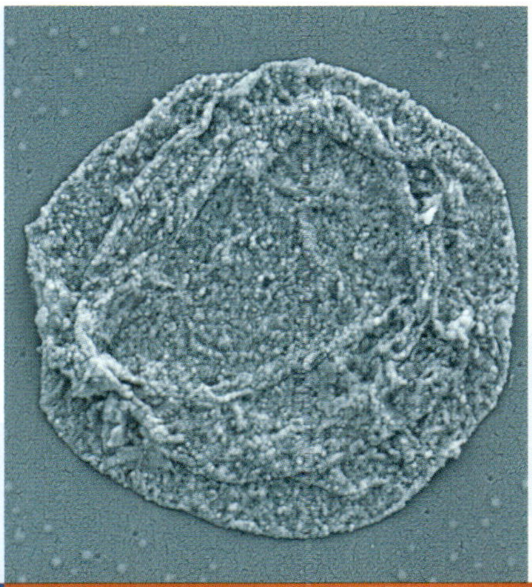

Flexibles Display auf einer Kunststofffolie. Die organischen Leuchtdioden sorgen für eine leuchtkräftiges und kontrastreiches Bild. (Foto: Covion, Philips PolyLED)

Flexible Polyimid-Folie mit organischer Elektronik. Selbst wenn man die knapp acht Zentimeter große Folie scharf biegt, arbeitet die Elektronik noch. (Foto: Philips Research)

nicht so fein strukturierte, also hoch integrierte und schnelle Schaltkreise wie das herkömmliche Silizium. Dafür sind sie aber viel billiger und außerdem biegsam. Wo es also weniger auf Leistungsfähigkeit ankommt, könnten sie bald ihre Vorteile ausspielen: als elektronisches Papier, intelligente Warenetiketten und Verpackungen, in Kleidung und vielen anderen Alltagsgegenständen.

Als Displays gibt es sie schon, zum Beispiel in einem MP3-Player. Solche Organischen Displays bestehen aus OLEDs, Organischen Leuchtdioden. Diese sind leuchtkräfiger als heutige Flüssigkristall-Bildschirme. Und sie sind auch noch schräg ablesbar, was bei Flüssigkristallen wegen des polarisierten Lichts nicht geht. Noch leiden OLED-Displays an ihrer geringen Haltbarkeit. Aber die Chancen stehen gut, dass sie schon bald den Flüssigkristall-Anzeigen kräftig Konkurrenz machen.

Aus Polymeren können auch Materialien mit völlig neuen Eigenschaften entstehen. Forscher können zum Beispiel hohle Polymerkapseln herstellen, die nur wenige Mikrometer (Millionstel Meter) groß sind. Dazu beschichten die Forscher zuerst kleine Teilchen mit Polymermolekülen. Danach lösen sie diese Teilchen auf, und die Überreste wandern durch die poröse Polymerwand hindurch nach draußen. Fertig ist eine leere Kapsel. Durch die poröse Wand können die Forscher die Kapseln nicht nur leeren, sondern auch neu befüllen. Eines Tages könnten sie als „Mini-U-Boote" medizinische Wirkstoffe durch die feinsten Äderchen unseres Köpers transportieren.

INFO

BIEGSAME SOLARZELLEN

Warum sind Farbstoffe farbig? In den Farbstoff-Molekülen schlucken Elektronen bestimmte Licht-Wellenlängen aus dem Spektrum des weißen Lichts. Dabei nehmen sie deren Energie auf. Trickreiche Materialstrukturen können diese Energie in elektrische Energie umwandeln: So funktionieren Solarzellen. Die neuste Entwicklung sind Solarzellen auf Basis von Polymer-Farbstoffen. Diese Solarzellen wandeln sehr effektiv Licht in elektrische Energie um. Zudem sind sie flexible Folien. Das unterscheidet sie von heutigen Solarzellen aus kristallinen Halbleitern. Die Foliensolarzellen könnten eines Tages – auf der Kleidung getragen – das Handy bei einem Spaziergang aufladen.

Magischer Tanz im Oktett

„Wo damals die Grenzen der Wissenschaft waren, da ist jetzt die Mitte."
Georg Christoph Lichtenberg (1742-1799)
Dt. Aphoristiker und Physiker

Die Materie der Erde ist in ständigem Wandel, dafür sorgen chemische und physikalische Prozesse. Materie trifft auf Materie und bildet neue Materie – manchmal sogar Riesenmoleküle. Was hierbei zwischen den Molekülen passiert, bestimmen hauptsächlich die Außenelektronen der Atome. Wie bei einer Zwiebel sind die Elektronen eines Atoms in verschiedenen Schalen übereinander angeordnet. Daher können nur die Elektronen der äußeren Schale mit der Umgebung in Kontakt treten. Maximal acht Elektronen finden dort Platz. Bei den meisten Elementen ist die Außenschale nur teilweise gefüllt. Diese Atome suchen sich Partner, mit denen sie gemeinsam die Elektronenzahl in der äußeren Schale vervollständigen können – sie teilen sich dabei eine Außenschale. Das bringt den Reaktionspartnern einen Energiegewinn: Sie verhalten sich wie eine Fahrgemeinschaft, die Sprit sparen will, indem sie ihr Auto möglichst voll besetzt. Dieses Bestreben der Atome, eine mit acht Elektronen vollbesetzte Außenschale zu bekommen, nennt man Oktettregel. Wasserstoff und Helium bilden eine Ausnahme, denn sie verfügen nur über eine einzige Schale, die maximal zwei Elektronen aufnehmen kann.

Das Streben nach einer vollbesetzten Elektronenschale ist der Motor und Choreograph jeder chemischen Reaktion. Daher bestimmt die Zahl seiner Außenelektronen die chemischen Eigenschaften eines Elements. Es gibt acht verschiedene Typen von Atomen, man teilt sie in Hauptgruppen ein. Die Elemente der ersten Hauptgruppe haben nur ein Außenelektron. Ihre Chancen, einen Sitz in einer „Fahrgemeinschaft" zu erhalten, stehen hoch: Natrium reagiert daher selbst mit Wasser heftig. Ihr ähnlich reaktionsfreudiger Gegenpart sind die Elemente der siebten Hauptgruppe, etwa Fluor oder Chlor. Diese wollen mit aller Gewalt ihre mit sieben Elektronen besetzte Außenschale auffüllen. Die Edelgase der achten Hauptgruppe sind dagegen chemisch sehr träge; sie sind ja schon voll besetzt. Reagieren ein Element mit wenig Außenelektronen und eines mit fast voll besetzter Schale, dann wird viel Energie frei. Ein Beispiel ist die Knallgas-Reaktion: Ein mit

Henri Matisse „Der Tanz“, 1910 (Foto: Mauritius, © Succession H. Matisse/VG Bild-Kunst, Bonn 2005)

Ein Fahrzeugkatalysator ist ein heterogener Katalysator mit einer großen Oberfläche, die eine dünne Schicht aus einer Platin-Rhodium-Legierung trägt. Sobald diese heiß ist, oxidiert sie gefährliche Substanzen zu Kohlendioxid und Wasser. Das Treibhausgas Kohlendioxid lässt sich leider noch nicht vermeiden. (Bild: OMG AG, Hanau-Wolfgang)

Dieses Riesenmolekül ist etwa sechs Nanometer (Milliardstel Meter) groß. Es besteht aus fast 2000 Molybdän- und Sauerstoffatomen. Seine Schöpfer, Chemiker der Uni Bielefeld, nennen es „Nanoigel“. Als molekularer Käfig kann es in seinem Inneren etwa 400 Wassermoleküle aufnehmen. Es erlaubt so die Erforschung der mikroskopischen Struktur von Wasser. (A. Müller, Universität Bielefeld)

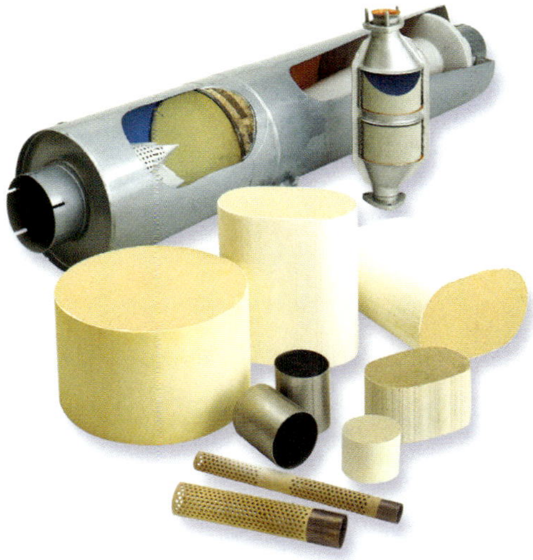

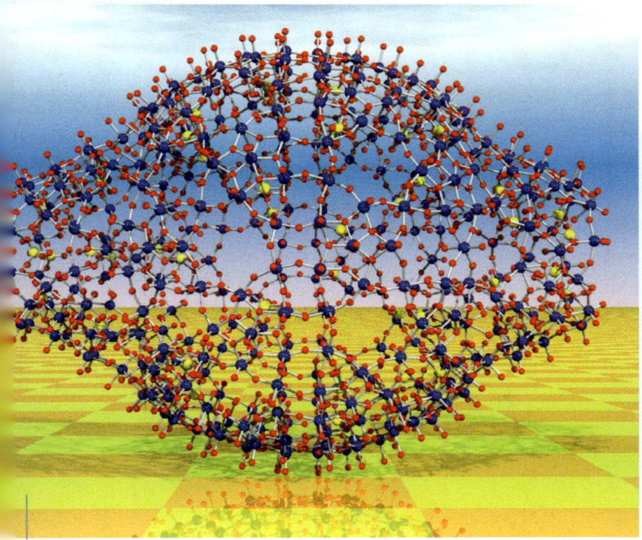

Dieses chinesische Schriftzeichen heißt Heiratsvermittler und zugleich Katalysator. (Bild: P. Kreitmeier, O. Reiser, Univ. Regensburg)

触媒

sechs Außenelektronen ausgestattetes Sauerstoff-Atom reißt die beiden Elektronen von zwei Wasserstoffatomen an sich. Es knallt heftig, die Wasserstoffatome bleiben an ihm kleben, und ein H_2O-Molekül ist entstanden.

Tatsächlich steuert also das Energieverhältnis alle chemischen Reaktionen: Entweder es wird Energie frei oder sie muss von außen zugeführt werden, zum Beispiel in Form von Wärme oder elektrischem Strom. Freiwillig läuft eine Reaktion nur dann ab, wenn sie Energie freisetzen kann – wie etwa eine Verbrennung. Fast neunzig Prozent aller chemischen Reaktionen auf der Erde setzen Energie frei, laufen aber dennoch nicht freiwillig ab. In diesen Fällen verhindert ein so genannter Energieberg die Reaktion. Er liegt als gewaltiges Hindernis vor dem günstigen Energietal, das die Reaktionspartner erreichen wollen. Solche Reaktionen muss man anschieben. Entweder schubst man sie mit viel Kraft – also Energie – über den Berg hinweg, oder man setzt einen „Bergführer“ ein, der den Reaktionspartnern eine Abkürzung ins Energietal weist. Diesen Bergführer nennt man Katalysator. Man kann ihn sich auch als einen Heiratsvermittler vorstellen. Die Chinesen verwenden in der Tat für beide das gleiche Schriftzeichen. Während der Reaktion verbraucht sich ein Katalysator nicht. Er steht also sofort dem nächsten „heiratswilligen“ Molekülpaar zur Verfügung.

Es gibt sehr unterschiedliche Katalysatoren: Die großen Enzym-Moleküle zum Beispiel besetzen als Katalysatoren eine wichtige Rolle im biochemischen Spiel des Lebens. Auch die Oberflächen von

INFO

WAHLVERWANDTSCHAFTEN

Heute wissen wir, dass Energien entscheidend für den Ablauf chemischer Reaktionen sind. Diese Erkenntnis ist nicht selbstverständlich. Zu Goethes Zeiten vermutete man eine Art innere Verwandtschaft bestimmter Stoffe zueinander. Reagierten zwei Stoffe heftig miteinander zu einem stabilen dritten, schloss man auf starke Verwandtschaft. Wenn eine dritte Substanz aber in der Lage war, diese Verbindung wieder aufzulösen, um mit einem der beiden Ausgangsstoffe eine neue Verbindung einzugehen, hieß der Effekt „Wahlverwandtschaft“. Nach diesem chemischen Fachbegriff benannte Goethe seinen berühmten Roman. Hier sind es keine chemischen Stoffe, die Verbindungen eingehen, sondern Menschen, die zum Paar werden und sich wieder trennen. Der Experimentator Goethe benutzte sogar einen Katalysator: Ein dubioser Mann namens „Mittler“ beschleunigt die menschlichen Bindungsprozesse. Heute müsste der Roman wohl „Reaktionskinetik“ heißen.

Lithium-Polymer-Akkus können sehr flach gefertigt werden. Da sie in eine Folie eingeschweißt sind, bleiben sie flexibel. (Foto: Solid Energy/Fraunhofer Gesellschaft)

Bus mit Elektroantrieb, den eine Brennstoffzelle mit Strom versorgt. Im Dach sind Drucktanks für den Wasserstoff untergebracht. Der Prototyp wird seid 2000 getestet. (Foto: MAN/Siemens)

Großer Brennstoffzellen-Stapel für ein Kraftwerk. (Foto: Siemens)

INFO

DER KAFFEEHAUS-KATALYSATOR

Ein Experiment für den Chemieunterricht im Straßencafé: Ein Zuckerwürfel brennt nicht. Davon kann man sich mit einem Feuerzeug schnell überzeugen. Die Oberfläche verkohlt zwar ein wenig, doch eine von selber weiterlaufende Verbrennung will nicht in Gang kommen. Das ändert sich schlagartig, wenn man den Würfel mit etwas Zigarettenasche bestäubt. Plötzlich lässt er sich leicht entzünden. Die Zigarettenasche übersteht den Brand unverändert. Das beweist ihre Rolle als Katalysator.

kristallinen Materialien können als Katalysatoren wirken. Für diese heterogenen Katalysatoren interessieren sich vor allem Physiker und Physikochemiker. An der Oberfläche bricht das räumliche Atomgitter eines Kristalls abrupt ab. Die an der Oberfläche sitzenden Atome haben deshalb freie Elektronenschalen-Anschlüsse – wie die äußeren Tänzer einer Tanzgruppe, die noch eine Hand frei haben. Nähern sich fremde Moleküle dieser Oberfläche, können sie dort andokken. Die reaktive Oberfläche bricht diese Moleküle dann auf und ihre Bruchstücke können auf der Katalysator-Tanzfläche neue chemische Bindungen eingehen.

Um Energie zu speichern, werden chemische Reaktionen manchmal so lange an ihrem Ablauf gehindert, bis ihre Energie benötigt wird. Man kann sich das wie die Feder einer aufgezogenen mechanischen Uhr vorstellen, die ihre innere Spannung kontrolliert an das Uhrwerk weitergibt.

Nach diesem Prinzip funktionieren Batterien und Akkumulatoren. Die chemische Reaktion in deren Innerem läuft nur solange ab, wie man Strom entnimmt. Schaltet man ab, wird die Reaktion angehalten. Solche „elektrochemischen Zellen" haben zwei Elektroden: eine positive Anode und eine negative Kathode. Beide stehen über einen Elektrolyten – zum Beispiel Batteriesäure – in Kontakt. Leider können solche Zellen nur sehr wenig Energie speichern. Ein Kilogramm Benzin enthält 300mal soviel nutzbare Energie wie ein Bleiakku gleichen Gewichts. Um so weit wie ein Benzin-PKW mit vollem Tank fahren zu können, müsste ein Elektroauto also erheblich schwerer sein.

Auf der Suche nach besseren Technologien entstand der Lithium-Akku. Er kann immerhin bis zu einem 80stel des Energieinhalts von Benzin speichern. Lithium ist nach dem altgriechischen líthos für Stein benannt und das Leichteste aller Metalle. Es ist das dritte Element des Periodensystems und das erste, dessen äuße-

⇢ Eine kleine Brennstoffzelle, die zum Beispiel ein Laptop betreiben kann. Zukünftige Mikrobrennstoffzellen sollen samt einer Brennstoff-Kartusche sogar in ein Notebook hinein passen. Sie würden ihm zu längeren Betriebszeiten verhelfen – und zu einem Auspuff! (Foto: Smart Fuel Cell)

re Elektronenschale volle acht Plätze besitzt. Dieser „Achtsitzer" ist allerdings sehr dürftig mit nur einem einzigen Elektron ausgestattet. Deshalb gibt das Lithium sein freies Elektron gerne mit besonders viel Energie an einen Partner ab. Das nutzen Lithium-Batterien und -Akkus aus. Sie erreichen so Betriebsspannungen bis zu 3,7 Volt. Das ist das Dreifache einer herkömmlichen Nickel-Cadmium-Zelle.

Batteriehersteller entwickeln zurzeit sogar Lithium-Akkumulatoren, die flach und biegsam sind. Diese Lithium-Polymer-Akkus haben Folienelektroden. Eine Kunststofffolie übernimmt die Rolle des Elektrolyten, so kann keine ätzende Flüssigkeit mehr auslaufen. Solche Akkus könnten als dünne Folie sogar hinter dem Bildschirm eines Notebooks verschwinden und so ein viel flacheres Gehäusedesign ermöglichen.

⇣ Innen sieht ein Lithium-Polymer-Akku wie ein Sandwich aus: Schicht auf Schicht folgt einer Anodenfolie eine Kunststoff-Elektrolytfolie, dieser eine Kathodenfolie, und so weiter. (Grafik: Varta Microbattery)

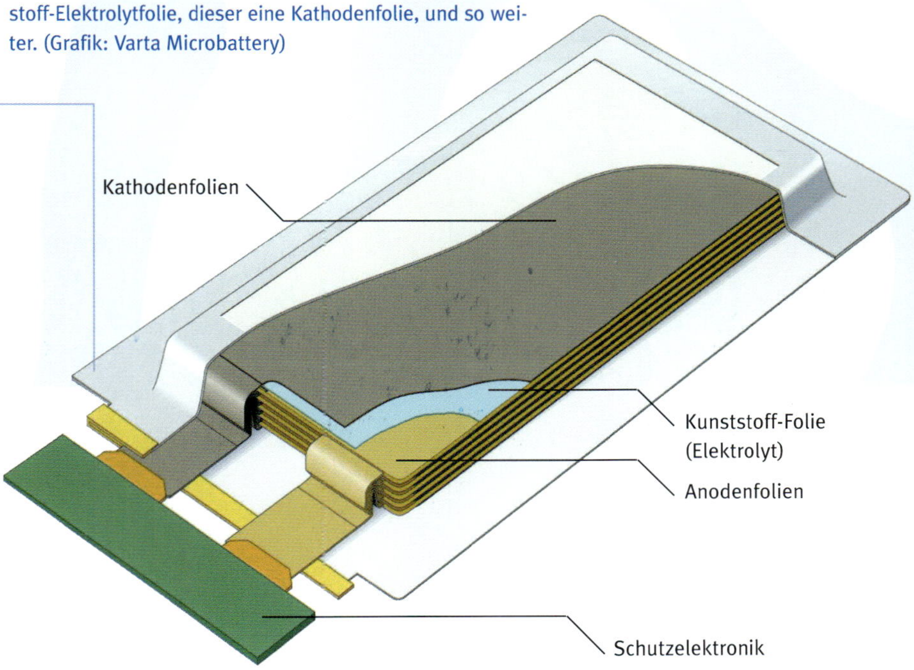

Brennstoffzellen sind leere elektrochemische Zellen. Sie speichern keine Energie sondern verbrauchen einen externen Brennstoff. Der besteht aus Wasserstoff und Sauerstoff, den Komponenten von Knallgas. Anstatt die Mischung aber explodieren zu lassen, lässt die Brennstoffzelle beide Stoffe gemächlich miteinander reagieren – zum Beispiel durch eine Membran. Die bei der Reaktion auszutauschenden Elektronen werden dabei über einen äußeren Stromkreis von der einen Seite der Zelle zur anderen geleitet und verrichten als elektrischer Strom nützliche Arbeit. Das einzige Abgas ist reiner Wasserdampf. Brennstoffzellen können stationär in kleinen oder großen Kraftwerken arbeiten. Als mobile Stromerzeuger können sie Elektroautos versorgen – oder sogar als Mikrobrennstoffzellen tragbare Elektrogeräte.

Allerdings bereitet der Wasserstoff große Probleme. Es gibt ihn zwar fast unbegrenzt im Wasser. Ihn daraus chemisch zu gewinnen, braucht aber viel Energie. Seine Produktion darf außerdem nur wenig Treibhausgas Kohlendioxid freisetzen. Auch Lagerung und Transport sind aufwendig. Nur als hoch komprimiertes Gas oder sehr kalte Flüssigkeit von -253 °C erreicht Wasserstoff eine praktikable Energiedichte: Drei Liter flüssigen Wasserstoffs enthalten ungefähr so viel freisetzbare Energie wie ein Liter Benzin.

Zum reinen Wasserstoff gibt es Alternativen, wie den Alkohol Methanol. Er enthält viel Wasserstoff in chemisch gebundener Form. Daher muss die Brennstoffzelle erst für das Methanol „fit" gemacht werden: Sie muss aus ihm den Wasserstoff freisetzen können. Das ist bei Niedertemperatur-Brennstoffzellen, die als einzige für den mobilen Einsatz geeignet sind, ein großes Problem. Heute setzen die Brennstoffzellen-Forscher vor allem auf die Direktmethanol-Brennstoffzelle, die das Methanol direkt in ihrem Inneren chemisch zersetzt. Allerdings werden dabei auch geringe Mengen von Kohlenmonoxid frei: Das droht die Zelle genau wie einen lebenden Organismus zu vergiften. Man sieht: Die Entwickler von Brennstoffzellenautos müssen noch viele Probleme lösen.

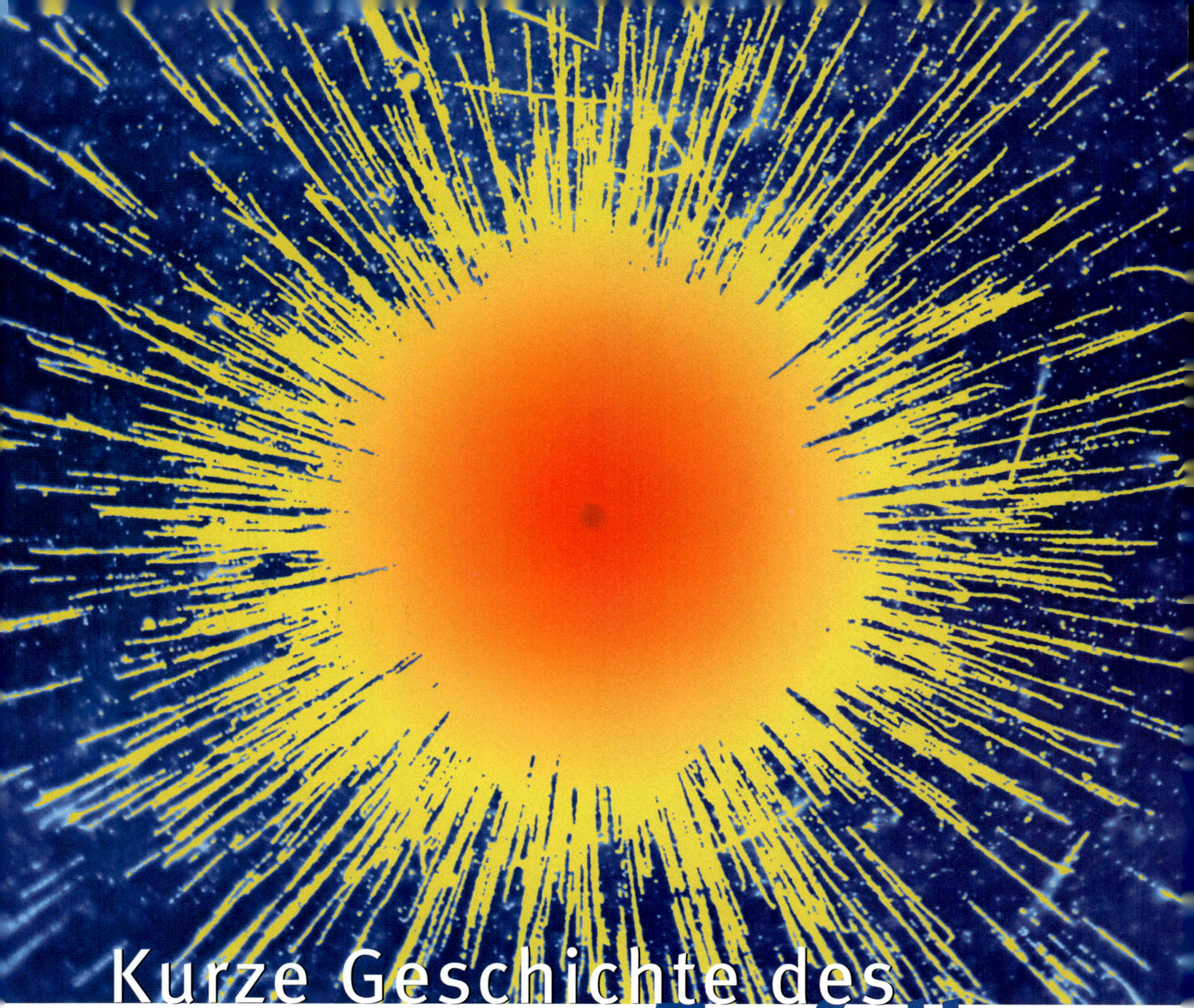

Kurze Geschichte des Zerfalls

„Das Zerfallen des Atoms war in meiner Seele dem Zerfall der ganzen Welt gleich. Plötzlich fielen die dicksten Mauern. Alles wurde unsicher, wackelig und weich.“
Wassily Kandinsky (1866-1944)
Russ. Maler & Grafiker

Während der österreichische Physiker Ernst Mach die Existenz von Atomen noch vehement bestritt, entdeckte im März 1896 der französische Forscher Antoine-Henri Becquerel schon die Spuren des Zerfalls ihrer Kerne: In seiner Schublade hatte Uransalz durch eine Lichtschutzverpackung hindurch Fotoplatten belichtet. Dieses Phänomen untersuchten Becquerels Doktorandin Marie Curie und ihr Mann Pierre Curie genauer und nannten es Radioaktivität. 1903 erhielten Becquerel und die Curies dafür den Nobelpreis für Physik.

Heute wissen wir, dass neunzig Prozent aller Atomkerne radioaktiv zerfallen. Bei Radioaktivität denken wir sofort an Kernreaktoren und Kernwaffen. Dabei vergessen wir oft ihre wichtige Rolle in der Natur: Natürliche radioaktive Stoffe kommen überall auf unserem Planeten vor. Sogar in unserem Körper zerfallen pro Sekunde etwa 8000 Atomkerne.

Für diese Verwandlung von Atomkernen sorgen zwei Mechanismen. Der Erste führt zum so genannten Alpha-Zerfall, der Zweite verantwortet den Beta-Zerfall. Für den ersten Mechanismus sind zwei einander entgegengesetzte Kräfte verantwortlich, die im Atomkern um die Vorherrschaft ringen. Die starke Coulomb-Kraft will die positiv geladenen Protonen auseinander treiben, denn gleichnamige Ladungen stoßen sich ab. Die noch stärkere Kernkraft hält die Kernbausteine jedoch zusammen. Die Kernkraft hat aber nur eine sehr kurze Reichweite. Deshalb kann die weitreichende Coulomb-Kraft größere Kerne leichter zerreißen. Siegt irgendwann die Coulomb-Kraft, dann schießt ein Viererpaket von je zwei Neutronen und zwei Protonen aus dem Kern: ein Alpha-Teilchen. Wegen der kurzen Reichweite der Kernkraft gibt es mit wachsendem Atomgewicht – also immer größerem Kernradius – immer mehr instabile Atomkerne. Die künstlich erzeugten superschweren Elemente jenseits des Urans zerfallen so schnell, dass man Schwierigkeiten hat, ihre Existenz überhaupt festzustellen.

Alpha-Zerfall des Elements Radium, der stärksten bekannten radioaktiven Substanz. Die Strahlung ist eine Million mal so stark wie die des Urans. (Foto: C. Powell, P. Fowler, D. Perkins / Science Photo Library)

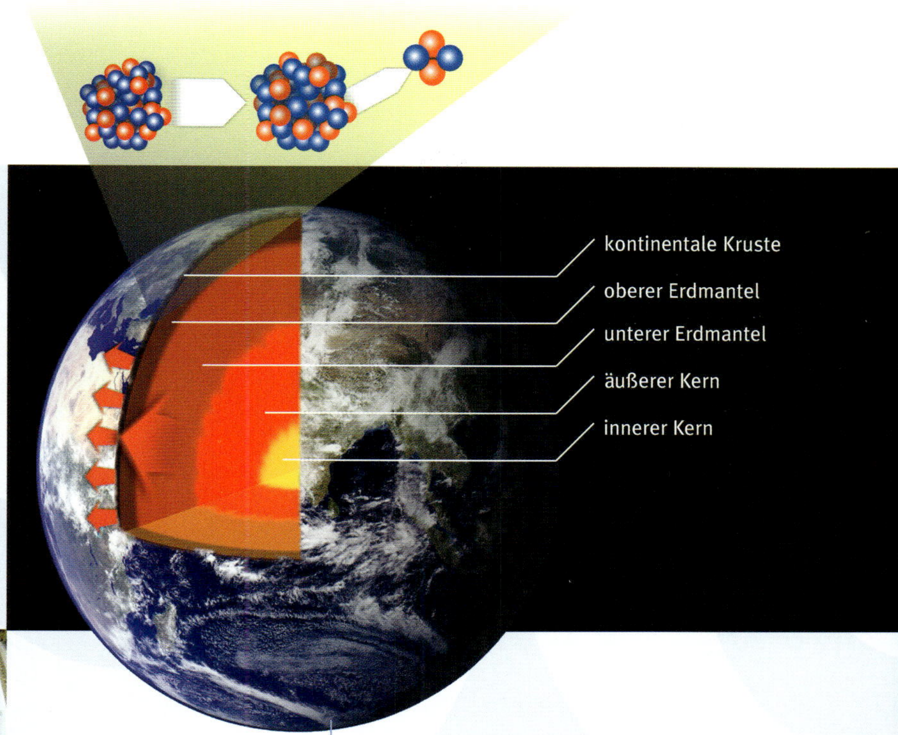

Auf den Kontinenten kommt der größte Teil der Erdwärme nicht aus dem Erdinneren. Sie entsteht zu 50 bis 80 Prozent in den Granitgesteinen der nur 35 km dünnen Erdkruste. Diese beherbergt relativ hohe Konzentrationen der Alphastrahler Uran-238, Uran-235, Thorium-232 und des Betastrahlers Kalium-40. Oben: ein Alpha-Zerfall. (Grafik: R. Wengenmayr, Foto der Erde: NASA)

Das Darmstadtium entstand erstmals 1994 in den Beschleunigeranlagen der Gesellschaft für Schwerionenforschung in Darmstadt. Hier sieht man den Linearbeschleuniger UNILAC. (Foto: A. Zschau, GSI)

Element 110, das Darmstadtium, „lebt“ zum Beispiel nur wenige Hundert Millionstel Sekunden.

Quarks sind die Akteure des Betazerfalls. Die Kernbausteine Neutron und Proton enthalten jeweils drei Quarks. Diese Winzlinge sind noch mindestens Zehntausend mal kleiner als ein Atomkern. Ein Neutron besitzt ein Up-Quark und zwei Down-Quarks. Beim Beta-Zerfall wandelt sich eines der Down-Quarks in ein Up-Quark um. Damit ist aber aus dem Neutron ein Proton geworden. Der Atomkern hat ein Proton hinzugewonnen. Zur Erhaltung der elektrischen Ladung bildete sich gleichzeitig ein Antineutrino und ein Elektron. Aus dem Atom ist ein neues chemisches Element entstanden, das im Periodensystem auf den nächsten Platz nach oben rückt. Aus Sauerstoff würde so plötzlich Fluor, wenn dieses Element nicht – zum Glück für uns – so stabil wäre.

Radioaktive Kerne können auch Gammastrahlung aussenden. Wie das Licht ist sie eine elektromagnetische Strahlung. Sie enthält aber noch viel mehr Energie als Röntgenstrahlung und ist für uns daher sehr gefährlich. Sie kann dicke Betonmauern durchdringen und in unserem Körper Krebs auslösen.

Dennoch sind natürliche Radionuklide, also radioaktive Elemente, wichtig für uns und unsere Umwelt. Ein Beispiel ist die Erdwärme. Sie ist nach der Sonnenenergie die zweitgrößte Energiequelle auf der Erdoberfläche. Ein großer Teil dieser Wärme kommt gar nicht aus dem heißen Kern der Erde. Sie entsteht direkt unter unseren Füßen, weil in der rund 35 Kilometer dünnen Erdkruste natürliche Radionuklide zerfallen. Auf diese Weise erzeugen die Granitgesteine der Kontinentalplatten 50 bis 80 Prozent der gesamten Erdwärme.

INFO

ISOTOPE UND HALBWERTSZEITEN

Die chemischen Eigenschaften eines Elements sind bestimmt durch die Zahl seiner Protonen und Elektronen. Die Zahl der Neutronen kann variieren. Diese Variationen heißen Isotope. Uran zum Beispiel hat 92 Protonen. Das häufigste Uranisotop heißt Uran-238, denn es hat 146 Neutronen, also insgesamt 238 Kernbausteine. Isotope eines Elements sind unterschiedlich stabil, weil ihre Kerne verschieden aufgebaut sind. Viele Protonen auf engem Raum können durch eine große Zahl von Neutronen zusammen gehalten, also stabilisiert werden. Uran-238 ist viel stabiler als das leichtere Uran-235. Wann ein bestimmtes Atom zerfällt, kann die Physik nicht voraussagen. Sie kann aber sicher sagen: Von einer Anzahl mehrerer Atome eines Isotops ist nach Ablauf einer charakteristischen Zeitspanne nur noch die Hälfte übrig. Man nennt diese Zeitspanne Halbwertszeit.

↑ Die Überreste eines der zwei Milliarden Jahre alten natürlichen Kernreaktoren von Oklo (gestrichelt umrandet): Heute sind sie für Menschen ungefährlich. (Foto: R. Loss, Curtin University of Technology, Australien)

→ Uranpechblende (Urannitrit), das in das Mineral Dolomit eingewachsen ist. Es stammt aus der Lagerstätte Schlema-Aberoda. (Bild: Wismut GmbH)

INFO

URAN UND CO.

Das Uran und seine Zerfallsprodukte liefern den Hauptbeitrag zur natürlichen Radioaktivität in der Erdkruste. Uran ist das schwerste Metall in der Natur. Es kommt überwiegend in Form des Isotops Uran-238 vor. Dessen Halbwertszeit von rund 4,5 Milliarden Jahren entspricht fast genau dem Alter der Erde. Deshalb besitzt die Erde heute etwa die Hälfte ihres ursprünglichen Uranvorrats. Nur 0,7 Prozent des Urans entfallen auf das spaltbare Isotop Uran-235, denn mit einer Halbwertszeit von 710 Millionen Jahren zerfällt es sechsmal schneller als Uran-238. Ein Produkt des Uran-Zerfalls ist das radioaktive Edelgas Radon.

1938 stießen der Chemiker Otto Hahn, sein Assistent Fritz Straßmann und die Physikerin Lise Meitner auf die Kernspaltung. Otto Hahn erhielt für seine Laborarbeit 1944 den Nobelpreis für Chemie. Die Natur war den Forschern allerdings längst zuvorgekommen: 1972 fanden Wissenschaftler in den Uranerzminen von Oklo die Reste natürlicher Kernreaktoren. Oklo liegt auf dem afrikanischen Kontinent nahe dem Äquator, in Gabun.

Die Oklo-Reaktoren waren vor zwei Milliarden Jahren aktiv. Sie funktionierten im Prinzip wie unsere heutigen Leichtwasser-Reaktoren: Regenwasser bremste die Neutronen aus dem radioaktiven Gestein so ab, dass eine Kettenreaktion in Gang kam. Die Brennstoffmischung bestand damals zu etwa 97 Prozent aus Uran-238 und zu drei Prozent aus spaltbarem Uran-235. Als alles spaltbare Material verbraucht war, kam die Reaktion von selbst zum Stillstand. Solche natürlichen Reaktoren gibt es schon lange nicht mehr, weil heutige Uranerze zu wenig Uran-235 enthalten. Wegen der hohen Zerfallsgeschwindigkeit dieses Isotops sind die natürlichen Vorräte stark zusammengeschrumpft. In den Brennstäben heutiger Reaktoren muss daher der Uran-235-Anteil durch Anreicherung künstlich erhöht werden.

Aus dem Uranerz Pechblende isolierte Marie Curie erstmals das berühmte Element Radium. Dafür bekam sie 1911 einen zweiten Nobelpreis, diesmal für Chemie. Die Pechblende stammte aus den riesigen Uranerz-Vorkommen im Erzgebirge. Damals war sie nutzlos und kündigte den Bergleuten das traurige Ende einer Silberader an. Erst ab Mitte des 19. Jahrhunderts begannen die Menschen, Uran zu verarbeiten. Die ersten Anwendungen waren farbenprächtiges Uranglas und Uranglasuren.

Die Bergleute im Erzgebirge litten häufig an einer tödlichen Krankheit. Zwei Ärzte aus Schneeberg erkannten im 19. Jahrhundert, dass es Lungenkrebs war. Später entpuppte sich das radioaktive Edelgas Radon als Ursache. Es entsteht beim Zerfall von Uran im Erz und kann sich in der Grubenluft der Bergwerke gefährlich konzentrieren. Die hohe Sterblichkeit der Bergleute war allerdings schon früher bemerkt worden. Joachimstal (Jachimov) im

Officinalglas aus Uran, wie es früher in Apotheken verwendet wurde. Die getönten Flaschen sollten empfindliche Substanzen vor Licht schützen. (Fotos: R. J. Schwankner, FH München)

Der Übertage-Uranbergbau riss tiefe Wunden in die Landschaft. Das Bild zeigt die Hammerberg-Halde Schlema. (Bild: Wismut GmbH)

heutigen Tschechien trug unter Eingeweihten einen schaurigen Namen: Tal der jungen Witwen.

Anfang des 20. Jahrhunderts sorgte das Radon allerdings zunächst für ein kleines Wirtschaftswunder im Erzgebirge: Die vielen stark radonhaltigen Quellen galten als gesundheitsfördernd, und so war der Besuch eines Radon-Heilbades in Mode.

Später wurde das westliche Erzgebirge zu einem Schauplatz des kalten Krieges. Von 1946 bis 1991 förderte die Wismut SDAG in Sachsen und Thüringen 231.000 Tonnen Uran, überwiegend für die Kernwaffenproduktion der Sowjetunion. Die DDR war damals der viertgrößte Uranlieferant der Welt.

Doch Mensch und Natur zahlten einen hohen Preis für die Uranförderung. Viele wurden krank, ganze Ortschaften fielen dem Übertageabbau zum Opfer. Am Schluss türmten sich tausend Millionen Tonnen Erzabfall zu riesigen, radioaktiven Halden. Heute saniert der Nachfolger Wismut GmbH im Auftrag der Bundesrepublik aufwendig die Gruben, Halden und unterirdischen Gänge.

Die Geschichte des Urans zeigt die gefährliche Schattenseite mancher Entdeckungen: Noch heute bedroht uns das Uran aus dem Erzgebirge in vielen Kernwaffen und als radioaktiver Abfall. Keiner der Forschungs-Pioniere konnte das voraussehen. Nach den ersten Atombombenabwürfen auf Japan begann Otto Hahn, sich energisch gegen die Herstellung von Kernwaffen zu engagieren. Gemeinsam mit vielen Kolleginnen und Kollegen machte er der Politik und der Öffentlichkeit die Katastrophe eines drohenden Atomkriegs deutlich. Wie jede große Entdeckung bedeutete die Erkundung der Radioaktivität Chance und Risiko zugleich. Mit unserem Wissen wächst immer auch unsere Verantwortung. Heute ist diese Verantwortung vor allem in zwei Bereichen der Naturwissenschaften deutlich: in der Kernphysik und in der Biologie.

INFO

DIE GEFÄLSCHTE MUMIE

Im Jahr 2000 wurde in Pakistan eine Mumie entdeckt. Angeblich sollte sie eine Tochter des persischen Königs Xerxes (519-465 v. Chr.) sein. Doch eine Archäologin bekam Zweifel und wandte sich an ein Team deutscher Physiker. Die Forscher bestimmten den Gehalt des radioaktiven Kohlenstoff-Isotops C-14 in der Mumie. Mit dieser so genannten C-14 Methode kann man das Alter organischer Fundstücke feststellen. In jedem lebendigen Organismus ist das Verhältnis der Kohlenstoff-Isotope C-12 und C-14 konstant. Wenn der Organismus aber stirbt, nimmt der Anteil an C-14 ab, denn das Isotop zerfällt mit der Zeit. Durch Zurückrechnen auf das ursprüngliche Verhältnis lässt sich deshalb ermitteln, wann ein Organismus zuletzt gelebt hat. Im Falle der Mumie war das Ergebnis schockierend: Die Frau hatte 1995 noch gelebt. So wurden Wissenschaftler zu Detektiven und ein Sensationsfund zum Kriminalfall. (Foto: G. Morgenroth, Physik in unserer Zeit)

Die Bausteine des Lebens

„Die Wissenschaft fängt eigentlich erst da an interessant zu werden, wo sie aufhört."
JUSTUS VON LIEBIG (1803-1873)
DT. CHEMIKER

Naturforscher stecken seit Jahrhunderten ihre Nase mitten ins Leben – oder dessen Überreste: Stinkender Fisch, verrottendes Holz und faulende Kalbshaxen lagen vor etwa 330 Jahren in einer abgedunkelten Kammer eines Londoner Herrenhauses. Vermutlich um Atem ringend beugten sich Robert Boyle und sein Assistent darüber. Sie wollten das geheimnisvolle Leuchten des verwesenden organischen Materials enträtseln, die Biolumineszenz. Heute wissen wir, dass Bakterien aus der Zersetzung Energie gewinnen und dabei leuchten: Ein biologischer Organismus produziert also durch chemische Energiegewinnung das physikalische Phänomen Licht.

Die Biophysik erforscht kleine Dinge wie einzelne Moleküle, aber auch Objekte von geradezu astronomischer Komplexität wie das Gehirn. Im Mikrokosmos der Moleküle gibt es extrem geordnete Strukturen, für die sich Biophysiker besonders interessieren. Das sind die Membranen, die lebende Zellen und deren Organellen wie Häute umhüllen. Diese Membranen müssen das Innere der Zelle oder Organelle schützen und zugleich für den Austausch lebenswichtiger Substanzen durchlässig sein. Trotz ihres einfachen Grundaufbaus aus nur zwei Molekülschichten sind sie komplexe Gebilde, in denen sich viele verschiedene Biomoleküle mit speziellen Funktionen finden.

Besonders faszinierende Membranträger sind die Mitochondrien. Diese Zellorganellen sind die Kraftwerke der Zellen. Mit ihrer Energie laden sie Transporter-Moleküle auf, die sie dann dorthin bringen, wo sie gebraucht wird. Dieser Transporterstoff heißt ADP (Adenosindiphosphat). Ein ADP-Molekül kann man sich wie eine kleine Federmechanik vorstellen, die durch das Mitochondrium gespannt wird. Tatsächlich geschieht das nicht mechanisch, sondern chemisch. Dabei wird das ADP zu ATP (Adenosintriphosphat), das nun seine Energieladung zu einem Verbraucher, bei-

Biolumineszenz nennt man es, wenn Lebewesen Licht erzeugen. Die bekannteste lebende Lampe ist der Leuchtkäfer, auch bekannt als Glühwürmchen. (Foto: www.dietmar-nill.de)

Ein Opfer für die Wissenschaft: Robert Boyle und sein Assistent untersuchen organischen Abfall. (Karikatur: Roland Wengenmayr / Nachrichten aus der Chemie)

Die Abbildung zeigt, wie das Protein „Aquaporin" mithilfe seiner feinen Kanäle Wasser durch eine Zellmembran transportiert. Die Wasser liebenden Köpfe der amphiphilen Phospolipid-Moleküle sind als gelbe Kugeln, die Fett liebenden Füße im Inneren der Membran durch grüne „Fäden" dargestellt. (Grafik: B. L. de Groot, H. Grubmüller, Science)

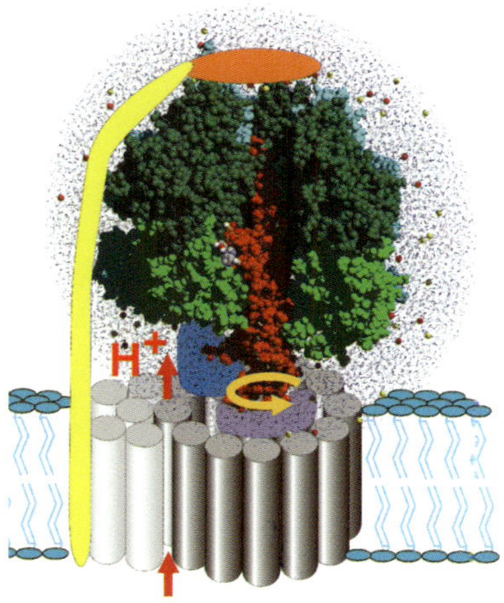

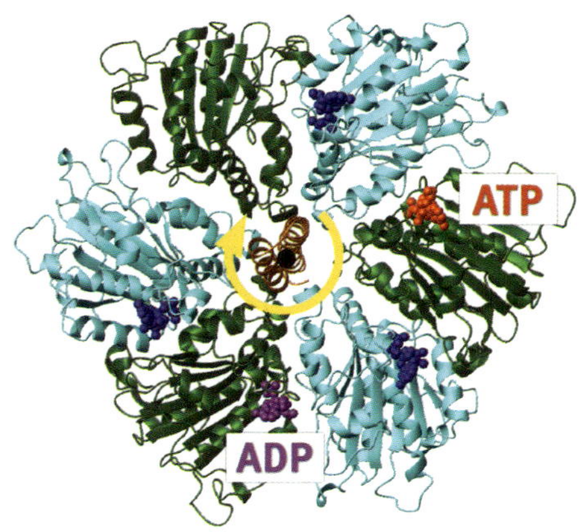

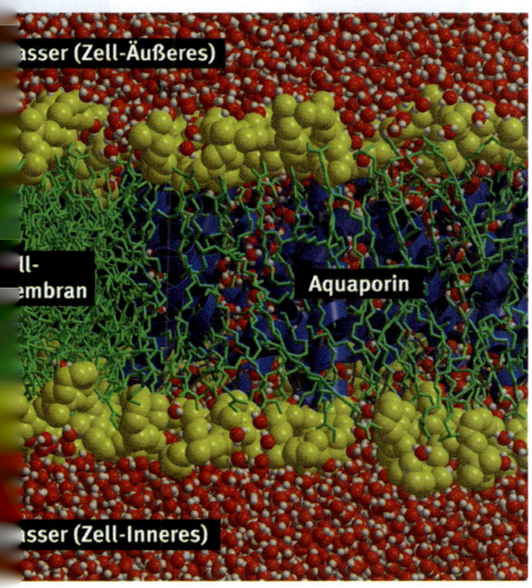

spielsweise der Zelle einer Muskelfaser, transportiert. Dort löst es seine „Feder" aus und kurbelt einen biochemischen Prozess an. Wieder als ADP kehrt es danach zum Mitochondrium zurück. Die Mitochondrien unseres Körpers produzieren täglich zusammen 50 Kilogramm ATP für den Energiekreislauf. Ohne diesen Stoff wären wir in wenigen Minuten tot.

Erst kürzlich gelang es den Forschern zu demonstrieren, wie die ATP-Produktion funktioniert. Dazu ließen sie einen Supercomputer zwei Jahre lang mit 200.000 virtuellen Atomen jonglieren. Das Ergebnis war ein Film mit einer Hauptdarstellerin, die in der Membran des Mitchondriums verankert ist: das Enzym F-ATPase. Dieses große Biomolekül ist eine molekulare Dreitaktmaschine. In seinem Inneren rotiert eine Kurbelwelle und „spannt" die ADP-Feder zum ATP. Mit nur 20 Nanometern (Milliardstel Meter) ist die F-ATPase die kleinste bekannte Nanomaschine der Welt.

Eine Stufe höher in der Hierarchie der Biomembranen steht die Hülle der kompletten Zelle, die Zellmembran. In ihr reihen sich Phospolipid-Moleküle in einer doppelten Molekülschicht. Diese Struktur erlaubt es den Molekülen, ihre Fett liebenden „Füße" vor dem Wasser zu verstecken, das die Membran außerhalb und

INFO

DIE KLEINSTE MASCHINE DER WELT

Links: Die F-ATPase sitzt in der Membran des Mitochondriums (blau). Die grauen Zylinder unten stellen vereinfacht den molekularen Elektromotor dar, der die „Kurbelwelle" (orange) im Kopf (grün) des Moleküls antreibt. Ein Strom aus elektrisch geladenem Wasserstoff (H+, rote Pfeile) treibt ihn an. Der gelbe Pfeil zeigt die Drehrichtung. Der Kopf ist über einen Halter (gelb, stark vereinfacht) fixiert und hier vorne aufgeschnitten.

Rechts: Blick von unten in den Kopf. In den dunkelgrünen „beta-Untereinheiten" sitzen drei Taschen, in denen die Kurbelwelle das ADP (lila, unten) zu ATP (rot, rechts) auflädt. Die dritte Tasche links oben ist gerade entleert.

Zähne sind nicht nur das härteste Material, das ein lebender Organismus hervorbringt, sondern auch sehr dauerhaft: Diese stammen aus einem mittelalterlichen Friedhof bei Lauchheim. (Foto: W. Filser, MaxPlanck Forschung)

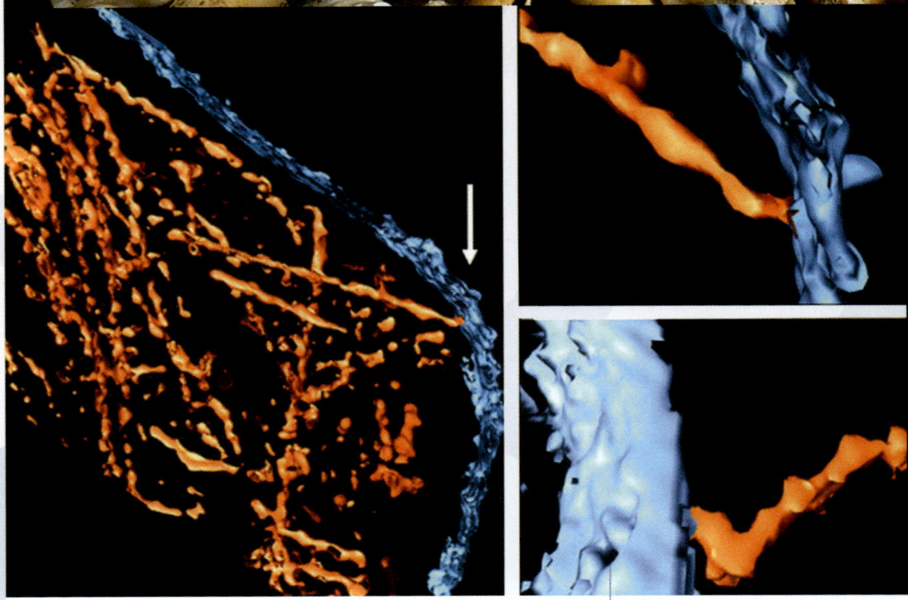

Dieser Blick in eine lebende Zelle zeigt, wie Aktinfilamente (rötlich braun) des Zellskeletts an die Zellmembran (blau) binden (Pfeil). (Bild: O. Madelia et al., Science)

INFO

FORTPFLANZUNG IN DER MOLEKÜLSCHAUKEL

Die Zellmembran spielt aktiv bei der Zellteilung mit, dem Fortpflanzungsprozess der Zellen. Bei der Teilung muss die Zelle ihre Membran an der richtigen Stelle einschnüren, meist in der Mitte. Wenn das schiefgeht, bleibt eine der Tochterzellen unvollständig und ist nicht lebensfähig. Wie eine Zelle ihre Mitte findet, untersuchen Biologen am Darmbakterium Escherichia Coli. Beobachtungen zeigen, dass im Bakterium drei Proteine eine Art Molekülschaukel bilden. Diese Schaukel schwingt zwischen den beiden Enden des stäbchenförmigen Einzellers hin und her. Die Biologen vermuten, dass die Schaukel mit ihrem tiefsten Punkt die Mitte der Zelle und damit die richtige Stelle zum Teilen markiert. Physikern gelang es, diesen Prozess im Computer zu simulieren. Sie griffen dazu in den mathematischen Werkzeugkasten der „nichtlinearen Dynamik", zu dem auch die Chaostheorie gehört. Und tatsächlich schaukelten in ihrem virtuellen Bakterium die Moleküle fast wie im echten E. coli – ein wichtiger Schritt zum Verständnis der Zellteilung.

innerhalb der Zelle umgibt. Trotz ihres fetten Innenlebens muss die Membran aber das lebenswichtige Wasser ins Zellinnere transportieren können. Die Forscher konnten in einer Simulation zeigen, wie das funktioniert. Den Wassertransport übernimmt ein spezielles Protein namens Aquaporin. Es bildet in der Membran eine Pore mit winzigen Kanälen, die reinstes Wasser transportieren. An dieser Pforte endet eine lange Reise durch den Körper, die mit einem kräftigen Schluck begann.

Physikalische Methoden wie die Mikroskopie eröffnen den Wissenschaftlern immer tiefere Einblicke in ihre Untersuchungsobjekte. Mitte des zwanzigsten Jahrhundert enthüllte die Röntgenstrukturanalyse erstmals den Aufbau biologischer Makromoleküle. So bahnte die Physik den Weg zur Entschlüsselung der DNA-Struktur. Allerdings lieferte sie zunächst nur ein großes Puzzle. An einem legendären Samstagmorgen des Jahres 1953 setzten der Physiker Francis Crick und der Genetiker James Watson es dann richtig zusammen. Den zwei jungen Forschern, die an ihrer Universität in Cambridge den zweifelhaften Ruf von „Klassenclowns" genossen, gelang damit ein Volltreffer. Zusammen mit dem Physiker Maurice Wilkins, der die Röntgenstruktur-Messungen gemacht hatte, erhielten sie den Nobelpreis für Medizin.

Wissenschaftler träumen schon lange davon, dem Tanz der Moleküle in einer noch lebenden Zelle zuschauen zu können. Zehn Jahre haben Forscher an einer Methode gefeilt, die das ermöglicht. Sie ähnelt der Computertomographie, benutzt

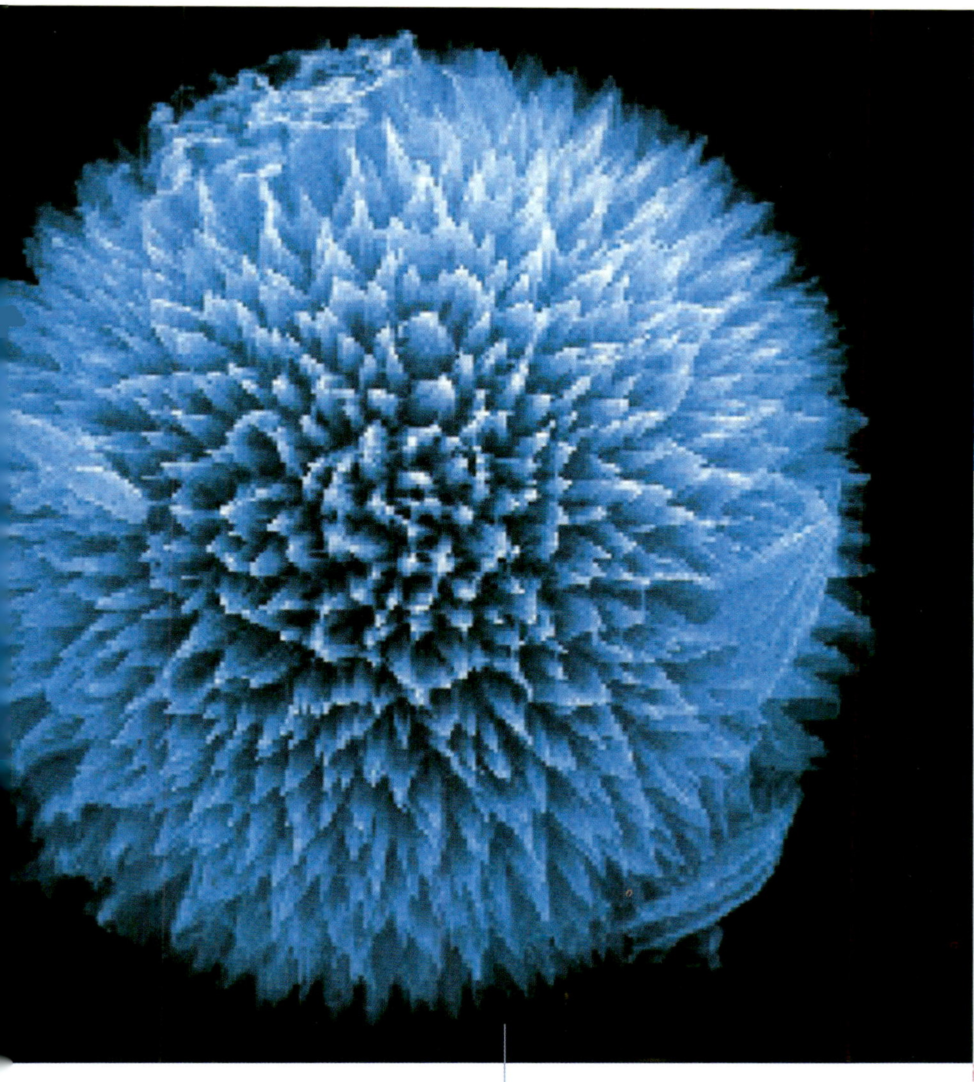

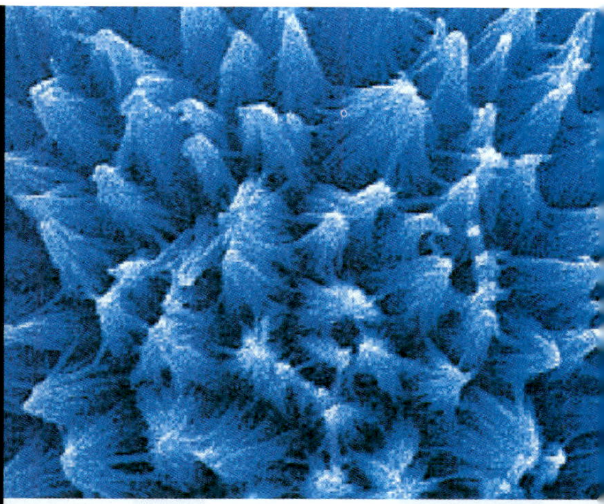

⇠⇡ Künstlich hergestellte Biomineralien, der Baustoff von Knochen und Zähnen. Im Gelatinegel wachsen je nach Bedingungen kugel-, igel- oder hantelförmige „Komposite“ aus organischem und kristallinem Material. Sie kommen der natürlichen Materialzusammensetzung von Knochen und Zähnen schon sehr nahe. (Bilder: O. Hochrein, MaxPlanckForschung)

⇣ Ein Chip der „Gedanken liest“: Die Elektronik nimmt Signale von lebenden Nervenzellen auf, verarbeitet sie und gibt sie an ein Computersystem weiter. (Foto: Infineon Technologies/Max-Planck-Institut)

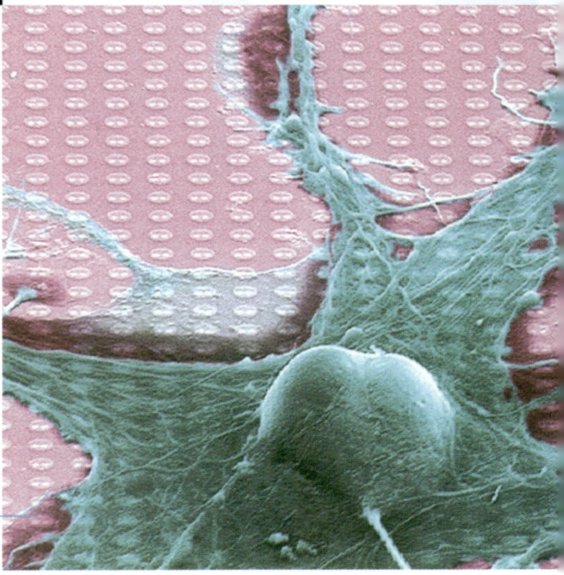

aber Elektronen als Strahlung und kann so molekulare Strukturen sichtbar machen. So gelangen sensationelle Schnappschüsse von verästelten Aktinfilamenten in einer lebenden Zelle. Diese Proteine stützen nicht nur die Zelle als Skelett, sondern bilden auch „Highways“ für den Transport von Stoffen im Zellinnern.

Ein weiteres Wunder des Körpers sind unsere Zähne. Es ist erstaunlich, dass weiche, lebende Materie etwas so Hartes herstellen kann. Knochen oder Zähne sind so genannte Komposite aus einem organischem Material und winzigen Mineralkristallen wie Apatit. Mittlerweile züchten Forscher solche Komposite im Reagenzglas nach. Ihnen gelingen dabei kugel- oder hantelförmige Körper aus Mineralkristallen und Gelatine. Diese künstlichen Gebilde sehen nicht gerade wie Zähne aus. Ihre Zusammensetzung entspricht aber schon sehr genau dem Zahnschmelz und sie sollen einmal einen neuen Zahnersatz ermöglichen.

In den biochemischen Labors schließt sich ein Kreis. Die Forscherinnen und Forscher bringen weiche, lebende Materie erfolgreich in eine enge Verbindung mit harten, leblosen Kristallen: Lebende Nervenzellen sitzen auf Halbleiterchips und tauschen mit der Elektronik Signale aus. Wir können heute nur darüber spekulieren, ob uns implantierte Chips eines Tages befähigen werden, allein über Gedanken mit Maschinen zu kommunizieren. Vielleicht bringt uns diese Forschung auch etwas ganz Anderes. Lassen wir uns überraschen.

Die Welt hinter den Dingen

Illustrations: M. Potocnik

Ausflug zur Erde

Die dunklen Wolken aus interstellarem Staub in der Region Centaurus zeichnen sich durch eine hohe Gebärfreudigkeit aus – was neue Sterne und Sonnensysteme angeht. Für wirklich brauchbare Planeten aber, mit Lagunen und Skigebieten, muss einiges zusammenkommen: die jeweilige Sonne darf nicht zu stark scheinen und nicht zu schwach, der Planet muss einen vernünftigen Abstand zur Sonne haben, einen passend dimensionierten Mond, der die Drehachse stabilisiert, und so weiter. Kurz: Es gibt genug zu tun für Leute wie Spock, der sich nach seiner Pensionierung dem Geschäft des „Planetforming" gewidmet hat, der Steuerung neuer Welten ins Wohnliche. Dass die Früchte ihrer Arbeit erst in Millionen Jahren reifen stört Vulcanier wie Spock nicht – ein Förster bekommt die Verwandlung des von ihm gepflanzten Eichenwaldes in Möbel normalerweise ja auch nicht mit. Genügend Zeit also, sich mal wieder den kleinen blauen Planeten anzuschauen, der es Spock schon vor ein paar Jahrzehnten angetan hatte, gelegen am Rande eines unbedeutenden Arms einer eher durchschnittlichen Spiralgalaxie. Mit der von ihm günstig als Altersruhesitz erworbenen Enterprise steuerte er Terra an.

Immanuel Kant, der große Königsberger Philosoph, hatte es 1755 klar erkannt: Das Sonnensystem musste aus einer Materiescheibe entstanden sein. Heute macht das Hubble-Teleskop zahlreiche solcher „protoplanetaren" Scheiben im Orion-Nebel sichtbar. Trotzdem müssen bewohnbare Planeten nicht häufig sein, denn es gibt viele Prozesse, die die Scheiben zerstören. Unser eigenes Sonnensystem ist offenbar auch von Störkräften attackiert worden, die Drehachse der Sonne jedenfalls ist um sieben Grad gegen die Planetenbahnebene geneigt.

▲ *Wolken aus interstellarem Staub in der Region Centaurus, in Astronomenkreisen „Thackerays Globulen" genannt – nach dem Südafrikaner A. D. Thackeray, der sie 1950 als erster entdeckt hat. (Foto: NASA)*

▲ *Mögliche „protoplanetare" Scheiben im Orion-Nebel. Es handelt sich um junge Sterne, die von Wolken aus Gas und Staub umgeben sind. Aus ihnen könnten einmal Planeten entstehen. (Foto: NASA)*

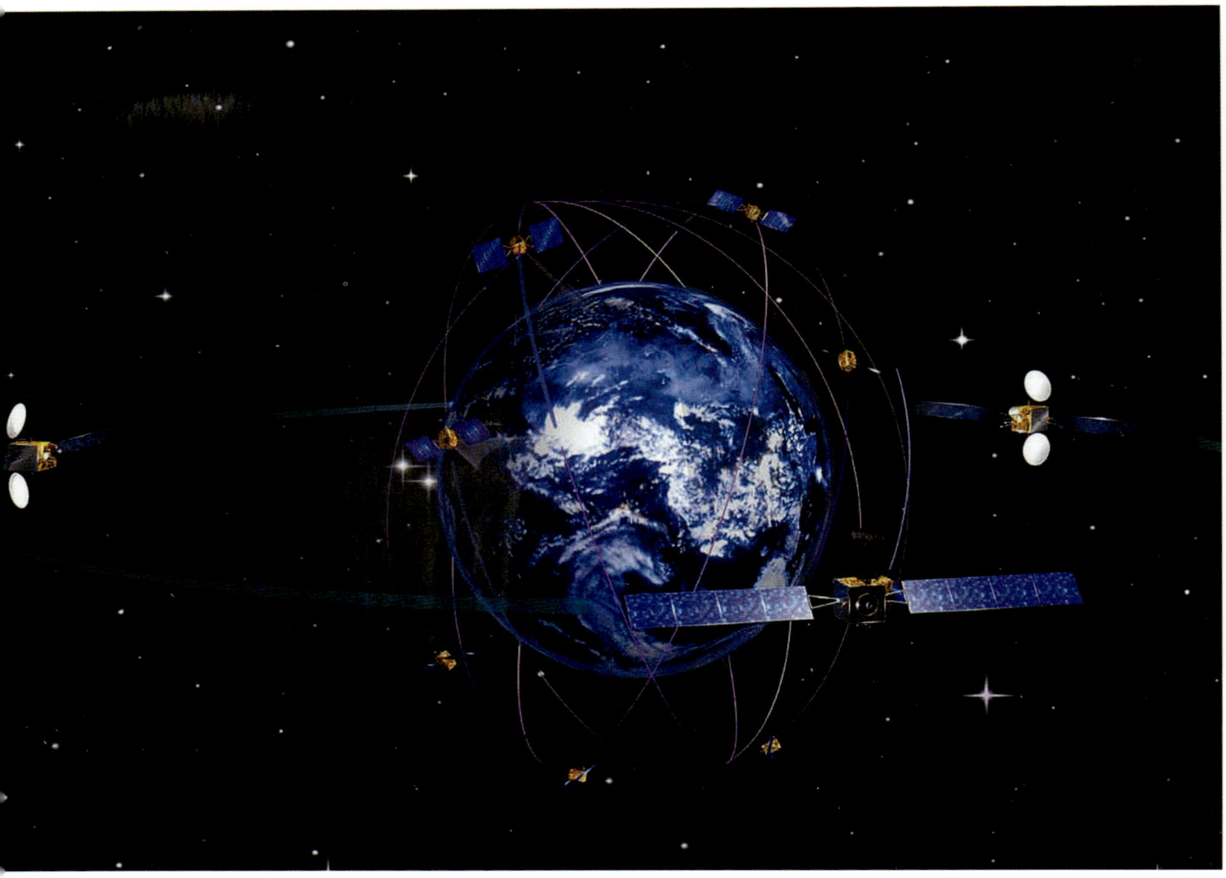

▲ *Das europäische zivile Navigationssystem Galileo wird am Ende aus 30 Satelliten bestehen. Es soll ab 2008 die Europäer unabhängig machen von den amerikanischen bzw. russischen Systemen GPS und Glonass. (Grafik: ESA)*

Einstein im Kornfeld

Erdbeobachtungssatelliten wie Envisat können vom Weltraum aus den Zustand von Nutzpflanzenfeldern präzise ermitteln. Globale Positionierungssysteme gestatten die metergenaue Steuerung von Landwirtschaftsmaschinen. In der Kombination wird „Precision Farming" möglich, eine hochtechnologische Form von Landwirtschaft, die die Umwelt schont: Dünge- und Spritzmittel werden punktgenau nur noch dort ausgebracht, wo der Satellit Bedarf ermittelt hat. Die Technik wird sich in naher Zukunft nur für große Anbauflächen lohnen, die im Osten Europas aber vorhanden sind.

Damit wäre auch Albert Einstein endgültig am Boden angekommen. Denn nach der Relativitätstheorie beeinflussen sowohl das Gravitationsfeld der Erde als auch ihre Rotation die Uhren der GPS-Satelliten. Auch ihre Signale werden im Schwerefeld der Erde durch relativistische Effekte abgelenkt – all dies muss berücksichtigt werden. Ohne die Allgemeine und die Spezielle Relativitätstheorie gäbe es kein GPS! Theorien über die Welt im Ganzen für das Streuen von Dünger...

Der Alarm riss Spock aus seinem Korbsessel (er hatte die Enterprise gemütlich mit Rattan-Möbeln ausgestattet): der Rand der einstigen protoplanetaren Scheibe, der Vorort des Sonnensystems war erreicht. Er enthält unter anderem kilometerdicke Materiebrocken, mögliche Kometen – die Enterprise aber konnte mühelos ausweichen, der Alarm war mehr eine Formsache.

Uranus, Saturn, Jupiter, Mars – Spock stieg in die Bremsen, Terra fegte heran. In 36.000 Kilometern Höhe über dem Äquator hielt die Enterprise an. Sie befand sich nun im „geostationären Orbit".

Der geostationäre Orbit der Erde ist mittlerweile ziemlich bevölkert, zu einem guten Teil mit TV-Satelliten. Ein paar Stockwerke darunter, in 20.000 Kilometern Höhe, schwebt die Satellitenkette des amerikanischen „Global Positioning System", GPS. Dessen Erfolg hat die Europäer jetzt zum Aufbau einer eigenen Satellitenkette inspiriert, Projektname Galileo. Der dazu gehörende Satellitengürtel wird, wie sein amerikanisches Pendant, hochgenaue Zeitsignale aussenden, die auf der Erde zur exakten Bestimmung der Position dienen. Neben Lastwagen und Pkw nutzen mittlerweile auch viele „sensible" Anlagen die Satellitensignale – zum Beispiel automatische Landehilfen für Flugzeuge. Unabhängigkeit und eigene europäische Kontrolle über ein solches System sind deshalb wichtig.

Die Fliehkraft nach außen und die ihr entgegen gesetzte Erdanziehung sorgen dafür, dass ein Körper je nach Höhe seiner Umlaufbahn nur mit einer bestimmten Geschwindigkeit um die Erde kreisen kann. Im „geostationären" Orbit ist man gerade so schnell wie die Erddrehung – Spock sah unter sich also immer das gleiche Areal. Ein gewalti-

▲ *Eine Staubwolke löst sich von der Westküste Nordafrikas. Sie ist ungefähr so groß wie Spanien und macht sich nun auf den Weg um den Globus. (Foto: NASA)*

▲ *Algenblüten im Golf von Mexiko. Die grünen Schlieren im Wasser vor der Westküste Floridas stammen von Algen, die sich auf Grund von Überdüngung rapide vermehrt haben. Ursache sind unter anderem Staubwolken aus der Sahara. (Foto: NASA)*

ger Staubteppich breitete sich aus Afrika kommend über dem Atlantik aus. Spock stieg in das kleine Beiboot um und ab.

Die Geophysik hat, zusammen mit anderen Naturwissenschaften, in der letzten Zeit ein Netzwerk von komplexen Zusammenhängen dingfest machen können, das Klima, Flora und Fauna stärker als vermutet bestimmt. Die wachsende Wüste in Afrika entlässt immer größere Mengen Staub, hunderte Millionen Tonnen, die sich unter anderem in der Karibik niederschlagen. Zusammen mit dem Staub kommen auch Mikroben und Pestizide (etwa aus der Heuschreckenbekämpfung im Sahel) und düngend wirkende Substanzen wie Eisen. Während die karibischen Korallen unter der Wirkung des Staubes schwinden, ganze Lurchpopulationen dahin gerafft werden und die Kinder der Region mehr und mehr an Asthma erkranken, wächst auf den Bahamas die fruchtbare Bodenschicht, blühen Regenwälder auf. Im Golf von Mexiko führt die düngende Wirkung des Staubes vermehrt zu Algenblüten und damit zu Sauerstoffmangel in den Küstengewässern.

Globale Zusammenhänge wie diese sind teils nur mit Umweltsatelliten erfassbar; der acht Tonnen schwere europäische „Envisat" glänzt mit raffinierten Geräten, die Spurengase, Ozon, Wasserdampf, Stickoxide und FCKWs messen können und über die Wärmebilanz des Planeten wachen.

Spock bewunderte die Nordlichter – das Glühen von Luft-Molekülen, ausgelöst durch elektrisch geladene Teilchen von der Sonne, die vom Erdmagnetfeld zu den Polen hin gezogen wurden. Ob die Terraner mittlerweile den Mechanismus ihres Magnetfeldes kannten?

Wirbel im glutheißen Kern der Erde werden von den Wissenschaftlern heute als Ursache des irdischen Magnetfeldes ausgemacht. Sie entstehen,

◀ *Polarlichter. Die Magnetfeldlinien der Erde ziehen elektrisch geladene Teilchen von der Sonne zu den Polen hin, wo sie die Moleküle der Luft zum Leuchten bringen. (Foto: Dr. Hinrich Bäsemann/Okapia)*

◀ *Klein, aber genau: Die legendäre „H4" von John Harrison (1693 – 1776). Die Vorläufermodelle, wuchtige Chronometer mit großen Federn, kamen an die Präzision dieser Taschenuhr nicht heran. (Foto: National Maritime Museum, London)*

▲ *Der Sonne entgegen: Nur von Sonnenlicht gespeist kann „Helios" 40 Kilometer Höhe erreichen. Das Propellerflugzeug der NASA mit Solarzellen auf dem Rücken wird nachts von Brennstoffzellen gespeist. Für bestimmte Anwendungen, zum Beispiel Mobilfunk, könnte es Satelliten ersetzen. (Foto: NASA)*

Zeit zum Mitnehmen

Alle 15°, die ein Reisender nach Osten zieht, bringt die lokale Zeit um eine Stunde voran, 15° nach Westen setzt sie eine Stunde zurück. Wer seinen Längengrad bestimmen will, muss also anhand des Sonnenstandes die lokale Zeit ermitteln und die Zeit an einem Referenzpunkt, etwa Greenwich, kennen. Im Jahre 1714 setzte die britische Regierung 20.000 Pfund Belohnung für einen Chronographen aus, der die erforderliche Genauigkeit besaß, die „Greenwich-Zeit" gleichsam mitzunehmen. Der Londoner Uhrmacher John Harrison brachte die damals sensationelle Leistung fertig, seine „H4" ging während einer Reise nach Jamaica ganze fünf Sekunden falsch. Das Preisgeld erhielt er erst auf Intervention Georgs III., nach einem jahrzehntelangen Kampf mit der schurkischen Längengrad-Kommission.

wenn im flüssigen Eisen des äußeren Erdkerns Wärme- oder Dichteunterschiede auftreten und sich diese dann über spiralige Wirbelströmungen ausgleichen. Die „Initialzündung" für die Entwicklung eines Magnetfelds bilden kleinste elektrische Ströme, die durch die große Hitze im Erdinneren entstehen. Sie erzeugen kleine Magnetfelder, die dann durch die großen Wirbel im äußeren Erdkern zunächst „verbeult" und dadurch auch verstärkt werden. Die so etwas größer gewordenen Magnetfelder geraten dann in neue Wirbel usw. – das Ganze verstärkt sich gegenseitig. Am Ende ist das resultierende Feld so groß, dass es Tausende Kilometer weiter oben an der Erdoberfläche kleine Kompassnadeln ausschlagen lässt, die den Menschen zeigen, wo es lang geht.

Spock sank mit dem Beiboot tiefer und tiefer. Ein merkwürdiges Flugobjekt kreuzte seinen Kurs. Tief unter sich sah er ein Gewirr von Küstenlinien und Inseln. Wie schwierig die Navigation früher gewesen sein musste.

Die Erde ist eine Kugel, eine Karte ist platt. Wie kann man einen Teil der Erdkugel so auf etwas Plattem abbilden, dass eine taugliche Seekarte daraus wird? Ein bis heute nützliches Verfahren fand Gerhardius Mercator (1512-1594). Er stellte sich die Längengrade wie Längsschnitte in einer Orangenschale vor, zog dann die entstandenen Schalensegmente ab und legte sie in einer Reihe nebeneinander. Dann dachte er sich die Segmente elastisch wie Gummi, zog die schmalen Spitzen auseinander und machte sie so breit, dass jedes Segment zu einem Rechteck wurde, das von oben bis unten lückenlos das nächste berührte. Bis auf die unmittelbaren Polumgebungen ließ sich so die ganze Kugelschale des Globus auf einem Rechteck abbilden, bei dem die Längengrade parallel zueinander vom Nordpol zum Südpol verliefen. Durch die gleichmäßige „Dehnung" blieben die Konturen der Kontinente erhalten, obwohl sich ihre Größe veränderte. Auf dieser „Mercator-Projektion" konnte ein Navigator eine kon-

▶ *Computer-Simulation des Erdmagnetfeldes. Blaue Feldlinien führen in Richtung Erdkern, gelbe aus dem Kern heraus. (Grafik: G. A. Glatzmaier, University of California, Santa Cruz)*

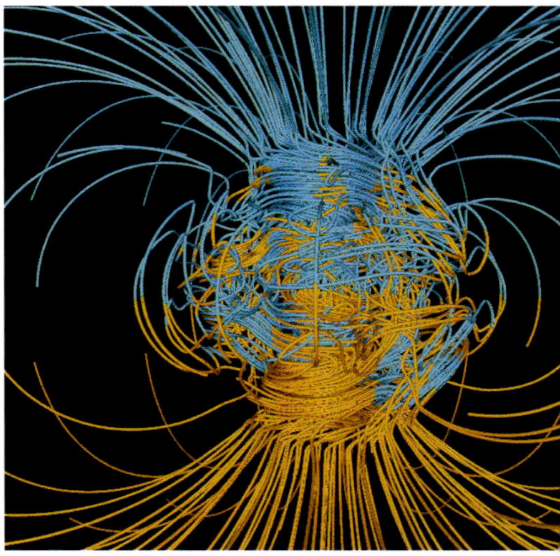

▲ *Mercator-Projektion einer Orange. Zieht man die Spitzen der abgelösten Schalensegmente auseinander, erhält man eine zusammenhängende Karte der Oberfläche. (Foto: Bergerhof Studios, Suzy Coppens)*

▶ *Die Nautilus-Muschel. Ihre Kammern und deren Wachstumslinien werden im Monats- bzw. Tagesrhythmus angelegt. (Foto: Bergerhof Studios, Suzy Coppens)*

stante Kompassweisung einfach als geraden Strich einzeichnen, der alle Längenlinien im selben Winkel schnitt. Das Verfahren ist bis heute in Gebrauch.

Die Bestimmung des Längengrades war lange Zeit mit größten Schwierigkeiten behaftet. Heute kann man mit Satelliten metergenau einen Traktor steuern. Zusammen mit neuen, hochgenauen Atomuhren werden selbst kleinste Bewegungen der Erdkruste messbar werden, lassen sich womöglich sogar Erdbeben und Vulkanausbrüche vorhersagen.

Die heute eingesetzten Atomuhren verwenden einen Taktgeber, der Radiowellen abgibt, die sich mit elektronischen Mitteln zählen lassen. Eine Uhr, die hunderttausendfach schnellere Lichtschwingungen als Frequenzstandard bemüht, wäre um ein Vielfaches genauer, nur ließen sich die Schwingungen bislang nicht abzählen. Mit einer Erfindung Münchner Quantenoptiker, dem „Frequenzkamm", ist dies nun in greifbare Nähe gerückt.

Das Meer! Die Lande-Generatoren heulten auf und das Beiboot kam knapp über der Wasseroberfläche zum Stillstand. Sollte er schon umkehren? Mit wenigen Tastendrücken prüfte Spock die Wasserdichtigkeit seines Gefährts. Also los. Nautilus wollte er noch sehen. Nautilus, das Mondboot, das Perlboot... Spocks kleines Schiff tauchte ein und begann, in die Tiefe zu gleiten.

◀ *Atomuhren der heutigen Generation gehen in zehn Millionen Jahren weniger als eine Sekunde falsch. Diese Genauigkeit wird sich mit neuen Techniken noch steigern lassen. (Foto: PTB)*

Das Mondboot

Die Anziehungskraft des Mondes erzeugt in den Ozeanen der Erde auf der Höhe des Äquators zwei Wasserbeulen. Eigentlich würde man nur eine Beule erwarten, da nämlich, wo der Mond der Erde am nächsten ist. Erde und Mond drehen sich aber zusammen um einen gedachten Punkt, rund 1.000 Kilometer tief im Erdinneren. Durch diese Asymmetrie entsteht eine zweite Beule auf der mondabgewandten Seite. Die Erde dreht sich nun unter diesen beiden Beulen weg und wird durch die dabei entstehende Reibung ganz allmählich abgebremst. Dadurch wird das System Erde-Mond so verändert, dass sich der Mond beschleunigt und langsam von der Erde entfernt („Drehimpulserhaltung"). Folgerichtig muss der Erdentag früher kürzer, der Mond früher näher und auch der Monat kürzer gewesen sein, weil erdnähere Umlaufbahnen kürzere Umlaufzeiten haben.

Nautilus, das Mondboot, kann das bestätigen. Seiner Nahrung, dem Plankton, folgend, taucht es jeden Tag einmal auf und ab, was sich in Wachstumslinien seines gekammerten Perlmuttgehäuses widerspiegelt. Die Kammern wiederum werden im Monatsrhythmus angelegt. Folglich haben die Kammern der Tiere heute je ungefähr 30 Wachstumslinien. Die Kammern sehr alter fossiler Nautilus-Gehäuse dagegen viel weniger. Vor vierhundert Millionen Jahren, so der Schluss, war der Mond doppelt so dicht an der Erde, waren die Gezeiten riesenhaft.

Natur mit Ordnungssinn

Fotos: Photodisc

▲ *Körnige Mengen zeigen viele unerwartete Eigenschaften: Hier rieselte eine Mischung aus Salz und Mohn zwischen zwei parallele Glasplatten. Die beiden Zutaten entmischten sich dabei ganz von alleine in abwechselnde Lagen. (Foto: D. Wolf, Uni Duisburg)*

▼ *Basalt findet sich in der Natur häufig in Form von Säulen. Wie sie zustande kamen, war für die Wissenschaft lange Zeit ein Rätsel. (Foto: J. Keller, Uni Freiburg)*

Wenn einer wie Spock, der in Mathematik selten gefehlt hat, über die Erde geht, kann er allenthalben Regelmäßigkeiten entdecken, die sich für eine mathematische Beschreibung anbieten: Schäfchenwolken, Wellen, Sandrippel etc. Phänomene in sanft dahin fließenden Medien, wie zum Beispiel Wirbel oder Walzen in Flüssen, können die Wissenschaftler mittlerweile ziemlich gut berechnen – schwierig wird es bei Turbulenzen mit chaotischem Verhalten. Auch die Physik zur Beschreibung körniger Mengen, die – anders als Luft und Wasser – aus unterscheidbaren, „greifbaren“ Teilchen bestehen, ist noch nicht weit fortgeschritten. Zwei vermischte Sandsorten in einer Trommel entmischen sich in streifenartige Zonen, wenn sich die Trommel dreht – die Theorie dazu fehlt einstweilen. Dabei wäre eine Theorie sandartiger Schüttgüter auch von großem wirtschaftlichem Interesse, denn diese entfalten häufig ein Eigenleben, das sie schwer beherrschbar macht. So können große Sandkornmengen spontan Hohlräume bilden, deren „Decken“ ähnlich wie die Steine in der Decke eines alten Gewölbekellers zusammengehalten werden. Dadurch entstehen große Kräfte, die auf die Wände des Sandsilos drücken und sie zum Bersten bringen können.

Mathe für den Blütenkorb

Auch die belebte Natur ist für Spock voller Mathematik. Sein Lieblingslebewesen, der Nautilus, glänzt mit einem Gehäuse, das einer so genannten logarithmischen Spirale folgt, einer Wachstumsfigur. Der Aufbau der Blütenkörbe von Sonnenblumen orientiert sich an den „Fibonacci-Zahlen“. Das ist eine Zahlenreihe, in der jede weitere Zahl die Summe der beiden vorhergehenden ist: 0; 1; 1; 2; 3; 5; 8; 13 etc. Bildet man die Quotienten zweier aufeinander folgender Fibonacci-Zahlen, so steht am Ende, bei sehr großen Zahlen, die „Goldene Zahl“ 0,61803..., deren Kehrwert 1.61803... als „Golde-

◀ *Virtuelle Sonnenblume. Der Blütenkorb dieser im Computer erzeugten Sonnenblume gleicht exakt seinem natürlichen Vorbild. Bei der Berechnung wurden die „Fibonacci-Zahlen“ verwendet. (©1989: D. Fowler/P. Prusinkiewicz, University of Calgary)*

Das Geheimnis der Säulen

Die Regelmäßigkeit der Basaltsäulen nimmt neuesten Theorien zufolge ihren Anfang, wenn ein großes Volumen von Basaltlava an der Oberfläche zu erstarren beginnt. Die erstarrende Basalthaut nämlich zieht sich zusammen und ein Rissmuster mit meist sechs-, fünf- oder siebenzähliger Symmetrie entsteht, wie man es ähnlich an der Oberhaut trocknenden Schlammes beobachtet. Diese Muster wandern mit der Erstarrungsfront der Lava nach unten, symmetrische Säulen entstehen. Die Formbildung hat also nichts mit der Neigung der Materie zum Kristallinen zu tun, tatsächlich besteht die Basaltsäule aus zahllosen willkürlich verteilten Kleinkristallen.

Von Staren und Staus

Für Kollektive – gleich, ob Atome, Vögel oder Autofahrer – lassen sich häufig Regeln entdecken, bei denen die Mitglieder des Kollektivs nur mit den jeweils nächst befindlichen kommunizieren. Dennoch lässt das Verhalten des Kollektivs an einen Überorganismus denken, wie bei einem Starenschwarm. Dabei werden die einzelnen Stare nur von drei Regeln geleitet: **1.** Bleibe dicht bei Deinem Nachbarn, aber **2.** berühre ihn nicht und **3.** versuche, ins Zentrum des Schwarms zu kommen. In einem mit diesen Regeln programmierten Computer schwankt eine virtuelle Starenmasse genau wie ein echter Schwarm über den Bildschirm.

Auf der Autobahn sind es ähnliche Mechanismen, die in einer dichten Kette von Fahrzeugen für Schwankungen bis zum Stillstand sorgen, selbst dann, wenn kein Hindernis da ist. Der im Rechner sehr gut simulierbare Vorgang hat Erscheinungsformen („Phasenübergänge"), die denen von Wasser sehr ähnlich sind: Dampf entspricht dem frei fließendem Verkehr, flüssiges Wasser dem zäh fließenden Verkehr, Eis bedeutet Stillstand, Stau. Welchen Aggregatzustand das Blech einnimmt, hängt unter anderem von der Fahrzeugdichte ab. Das Optimum ist kurioserweise nicht „kein Auto", sondern eine Dichte von 20 bis 25 Autos pro Kilometer. Dann finden selbst sportliche Fahrer zu einem vernünftigen Rhythmus und reihen sich ein.

▲ *Das Muster der Muschel Conus Marmoreus kann von Wissenschaftlern am Computer exakt nachgebildet werden (im Hintergrund). (Foto: H. Meinhardt, www.eb.tuebingen.mpg.de)*

ner Schnitt" bekannt ist. Diese Relationen sind in vielen Pflanzen zu finden, weil sie für die dichte Packung wachsender Gebilde wie Sonnenblumenkörbe ein geometrisches Optimum darstellen.

Die Musterbildung bei Muscheln ist ein weiteres Beispiel für die geheimnisvollen Regeln hinter der Schönheit der Natur. Die Muster entstehen während des Wachstums der Muschel durch das Wechselspiel einander widerstrebender Kräfte, die die Verbreitung („Diffusion") eines Farbstoffes einerseits fördern, andererseits behindern. Der Clou: Nicht die Farbmuster sind genetisch festgelegt, sondern nur die Regeln, nach denen sie entstehen. Die von den Physikern gefundenen Regeln erzeugen am Computer Muster, die bis ins Detail mit den natürlichen Vorbildern übereinstimmen.

◄ *Ein Vogelschwarm scheint sich wie ein großer „Superorganismus" zu verhalten. (Foto: R. Nagel, Wilhelmshaven)*

Rhythmische Reaktion

In Teilchenkollektiven entstehen viele großflächige Muster spontan durch sehr kurzreichweitige Wechselwirkungen der Teilchen mit ihren Nachbarn. Eine besonders spektakuläre Musterbildung gelang dem Moskauer Chemiker Boris Belusov 1950, als er versuchte, eine vereinfachte Laborversion

▼ *Die Belusov-Zhabotinsky-Reaktion in der Petrischale. (Foto: N. Manz, Uni Magdeburg)*

▲ *In den Computern der Wissenschaftler entstehen mittlerweile ganze Landschaften nach den Wachstumsalgorithmen der Natur. („lakescene", ©2002: M. Fuhrer / P. Prusinkiewicz, University of Calgary)*

Ruck und Zuck

In der berühmten Newtonschen Bewegungsgleichung „Kraft gleich Masse mal Beschleunigung" ($F = m \cdot a$) ist die Beschleunigung als Änderung der Geschwindigkeit definiert. Gibt es ähnlich berühmte Gesetze, bei denen die Änderung der Beschleunigung eine Rolle spielt? Nein, wohl aber Regeln für Ingenieure, bei der Konstruktion von Schienenfahrzeugen auf eine Minimierung des „Jerk" zu achten. „Jerk" steht im Englischen für Ruck und Zuck und hat sich als Begriff für eine Änderung der Beschleunigung auch hier eingebürgert, und Jerks werden von den Benutzern der Bahn als besonders unangenehm empfunden. Auch die Geschmeidigkeit tierischer Bewegungen geht auf eine Minimierung des Jerk zurück, die computergenerierten Saurierschwärme in „Jurassic Park" wurden rechnerisch entsprechend instruiert.

des „Zitronensäure-Zyklus" herzustellen. Der Zitronensäure-Zyklus ist ein komplizierter Schlüsselprozess beim Stoffwechsel der Lebewesen. Was Belusov suchte, fand er nicht, dafür freilich etwas derart Phantastisches, dass die Kollegen Unseriosität vermuteten und eine Veröffentlichung der Belusovschen Entdeckung zunächst verhinderten. Belusov hatte ein Substanzgemisch entdeckt, das nicht sofort zu einer Endsubstanz durchreagierte, sondern oszillierte: mal hatte dieses Reaktionsprodukt die Oberhand, mal jenes. Es war, als wechselte ein Softdrink seinen Geschmack rhythmisch zwischen Himbeer- und Orangenaroma, ganz von allein, um schließlich bei Kirschsaft stehen zu bleiben. Der Wechsel des Belusov-Gebräus vollzog sich mit fast vollkommener Gleichmäßigkeit, bis nach einigen Dutzend Zyklen schließlich ein Gleichgewicht erreicht war. Als so genannter Belusov-Zhabotinsky-Versuch gehört die Reaktion heute zu den Standard-Demonstrationen an den Universitäten.

▼ *Belusov-Zhabotinsky in 3D. Die experimentell ermittelte Konzentration eines der Reaktionsprodukte wurde hier über der Ebene (der Petrischale) aufgetragen. (Grafik: W. Jantoß, Uni Magdeburg)*

Die Belusov-Zhabotinsky-Reaktion lässt man bevorzugt in einem kleinen Glasschälchen ablaufen; das Chemikaliengemisch bedeckt vielleicht einen Millimeter des Bodens. Dem staunenden Auge bieten sich – in einem blauroten Farbenspiel – langsam kriechende und windende, symmetrische Spiralen dar: Aus dem hirnlosen molekularen Gewimmel entsteht ganz von selbst ein makroskopisches Muster.

Das Kochbuch der Natur

Immer mehr Musterbildungsprozesse wie diese werden entdeckt. In der Gemeinde der Wissenschaftler wächst derzeit denn auch quer durch die Disziplinen der Verdacht, dass die Natur über eine weithin unerforschte Rezeptesammlung, ein Kochbuch mit teils hoch komplizierten Mustern verfügt, die mit vergleichsweise einfachen Regeln erzeugt werden. Dieses Buch ist auch für die Wissenschaften der unbelebten Natur hoch interessant: Regelmäßige Reihen von kleinen Atomhäufchen etwa, von Clustern, entstehen auf einer Kristalloberfläche spontan aus chemischen Lösungen, wenn die Bedingungen nur richtig sind. Denkbar, dass auf diese Weise einmal elektronische Speicherelemente „wachsen".

Was steckt dahinter?

Ein Bild sagt mehr als 1000 Worte. Sagt man. Gerade in der Wissenschaft aber sagen einem Fotos oft gar nichts: bunte Kügelchen, Streifen und Striche lassen meist sehr abstrakte Bilder entstehen. Erst die Bildunterschrift bringt Licht ins Dunkel.

Hier spielen wir mit der Uneindeutigkeit wissenschaftlicher Fotos – spielen Sie mit! Nur eine von drei Bildunterschriften ist richtig, die anderen beiden sind frei erfunden.

Viel Spaß beim Rätseln!

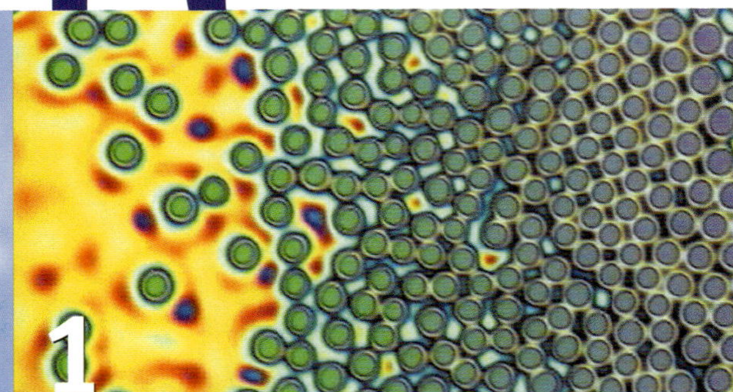

1

a Futter fassen: Bakterien wandern in Richtung der höheren Zuckerkonzentration (rechts).

b Und tschüss: Ein Verbund aus Styrolkügelchen (Durchmesser 20 nm) löst sich durch Erschütterungen im Ultraschallbereich plötzlich auf.

c Ordnung vs. Chaos: Ein dünner Polymer-Film bildet in einem elektrischen Feld je nach Spannung mehr oder minder regelmäßige Muster aus.

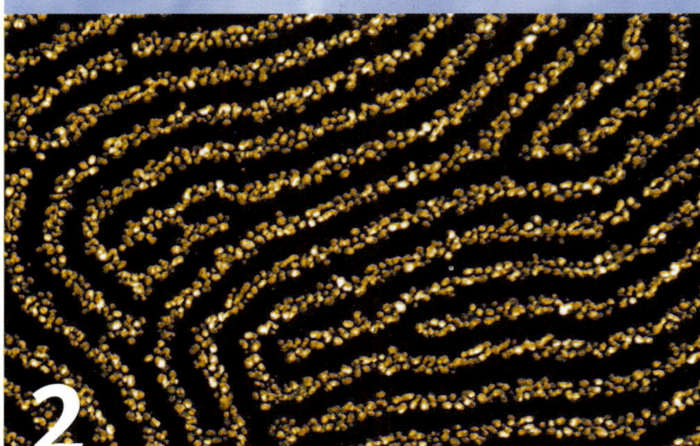

2

a Abwarten: Wissenschaftler dampfen Gold oder Silber auf bestimmte Kunststoffe und gehen Kaffee trinken. Unterdessen bilden sich winzige Metall-Ketten.

b In sich gehen: Nano-Technologen schaffen es, Zengärten anzulegen, in denen man nur unter dem Mikroskop meditieren kann.

c Erkennungsdienstlich behandeln: Bei dünnen Silberschichten kann man unter dem Mikroskop nach Elektronenbeschuss den atomaren Fingerabdruck des Metalls bestaunen.

3

a Farbe des Universums: eindeutig ein helles Beige. Noch Anfang 2002 waren Astronomen von einem Türkis mit Grünstich ausgegangen.

b „LatteCool“: für die meisten Menschen die beruhigendste Farbe. Sagen amerikanische Psychologen. Und empfehlen, Gebäude flächendeckend so zu streichen.

c Hollywood: Bei professionellen DigiCams dient diese Farbe zum „Weißabgleich“. Das eicht die Kamera und ermöglicht die digitale Herstellung von Kinofilmen.

4

a Ungefährlich: Ein gutartiger Haut-Tumor leuchtet bei UV-Beleuchtung grün und blau, wenn er zuvor mit geeigneten Markern „geimpft“ wurde.

b Schlimm: Dieses Satellitenbild zeigt, wie der Tschad-See in den vergangenen vierzig Jahren auf ein Zwanzigstel seiner Größe geschrumpft ist.

c Teuer: Schimmelpilze fressen Gemälde alter Meister (hier Dürers „Badende Venus“). Es kommt zur Mikroperforation der Leinwand – der blaue Fleck ist morgen ein Loch.

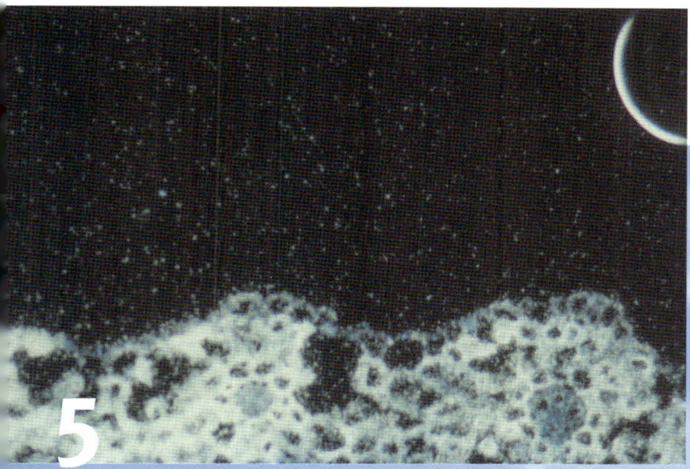

5

a Romantisch: Kohlendioxidhaltiges Eis („foam ice“), das durch das Restlicht während einer Sonnenfinsternis von selbst zu leuchten scheint. Aufgenommen am Südpol.

h Komisch: Ein Blattquerschnitt, der mit Hilfe von Dunkelfeldmikroskopie aufgenommen wurde. Was oben rechts zu sehen ist, weiß nicht einmal der Fotograf.

r Galaktisch: Ein Nebel mit Schaumstruktur im Sternzeichen Krebs – Kinderstube für Millionen neue Sterne. Rechts oben der Mond.

6

a Herbst: Wissenschaftler simulieren im Computer, wie sich die Farbe der Baumblätter im Laufe des Jahres verändert (hier die gemeine Hirtenfeige im September).

h Flower-Power: Wissenschaftler simulieren die Arbeit der pflanzlichen Sonnenkraftwerke im Computer. Rote Blätter leisten ganze Arbeit.

r Kreislaufschwäche: Eine junge japanische Scheinquitte zeigt „Durchblutungsstörungen“. In roten Blättern fließt zu wenig, in blauen zuviel Zellsaft (Falschfarbenbild).

7

a Runde Kristalle: Beim Schockfrosten unter -250 °C bildet Wasser keine spitzen Kristalle, weil das System der Atome dafür gar keine Zeit mehr hat.

h Billiger Lack: Ein Küchenstuhl wurde 12 Stunden dem UV-Licht ausgesetzt. Der Blick durch das Mikroskop zeigt schöne Schäden.

r Aufgeblasen: Wissenschaftler haben in einen hauchdünnen Polymerfilm Luft gepresst.

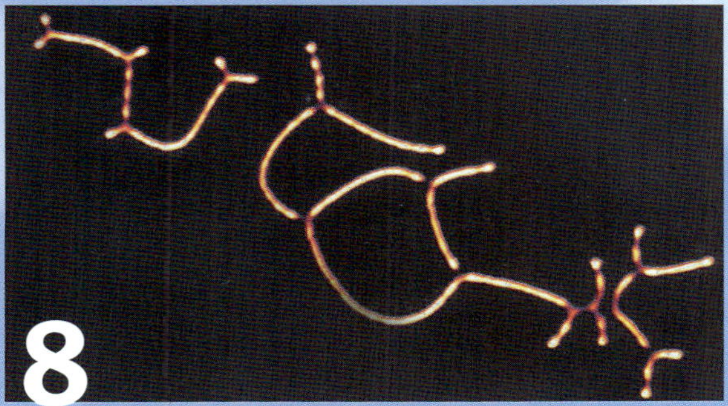

8

a Liebestoll: Diese Langzeitbelichtung zeigt eine Gruppe Glühwürmchen bei der Balz. Rechts unten fand eine Paarung statt.

h Klebrig: High-Tech-Klebstoffe aus der Tube suchen sich auf einer Glasoberfläche von selbst die Stellen, an denen sie am besten haften – Geckos standen Pate.

r Organisiert: Das Leuchten von Gasentladungen in einer Helium-Luft-Atmosphäre erzeugt diese Videokunst – ein Beispiel für Selbstorganisation in der Natur.

Auflösung Bilderrätsel:

1c (E. Schäffer, MPI für Molekulare Zellbiologie und Genetik), 2a (W. Lopes/H. Jaeger, University of Chicago), 3a (M. D. Fairchild, University of Rochester), 4b (NASA), 5b (U. Beckhove, Uni Gießen), 6b (H.-C. Timm, Uni Hohenheim), 7c (E. Schäffer, MPI für Molekulare Zellbiologie und Genetik), 8c (H.-G. Purwins/I. Brauer, Uni Münster)

Intelligente Materialien

Foto: photocase.de

Es muss für Charles Edouard Guillaume, den Erfinder, ein Augenblick des Triumphes gewesen sein: Über hundert Meter seiner „Invar" getauften Legierung hingen als Draht von der zweiten Plattform des Eiffelturms herunter. Das untere Ende des Drahtes war am Erdboden fixiert, das andere Ende auf der Plattform mit einem beweglichen Hebel verbunden, der wiederum einen Schreibstift bewegte, der auf eine Registriertrommel drückte. „Invar", das Invariable, Unveränderliche, eine Eisenlegierung mit 36% Nickel, sollte seine Besonderheit zeigen: Es verändert seine Länge nicht oder doch kaum, wenn die Temperatur schwankt. Aber der Eiffelturm selber streckte sich am Vormittag des 8. Juni 1912 in der wärmer werdenden Luft, millimeterweise schob sich die zweite Plattform nach oben. Mit dem Invardraht als unveränderlicher Referenz ließ sich das Ganze genau registrieren. Am späten Nachmittag sackt der gesamte Turm, von einem Regenschauer abgekühlt, um fast vier Zentimeter zusammen.

Invar machte als Ersatz für das teure Platin-Iridium bei „Ur-Metern" Karriere, als Material für Unruhefedern in Chronometern – überall da, wo eine geringe thermische Ausdehnung gefragt war. Invar ist in der Technik von heute weit verbreitet, zum Beispiel auch in „Schattenmasken" von TV-Bildröhren. Guillaume erhielt 1920 für seine Entdeckung den Nobelpreis.

Temperamentvolles Nickel-Titan

Zwanzig Jahre später gelang dem Schweden Arne Olander eine metallurgisch gleichermaßen gewichtige Entdeckung: Eine Legierung aus Gold und Cadmium zeigte so etwas wie ein Gedächtnis. Wenn man sie verformte und anschließend erwärmte, sprang sie in die alte Form zurück. Cadmium ist giftig, Gold teuer – die Legierung hatte keine Zukunft.

Wohl aber der Effekt. 1962 suchte das US Naval Ordnance Laboratory nach einer Legierung, die korrosivem Meerwasser trotzen konnte und magnetisch schwer zu orten war, fand eine Mischung aus Nickel und Titan und nannte sie Nitinol. Das „-nol" stand für das Naval Ordnance Laboratory, das „Niti-" für Nickel und Titan. Als man Platten dieses Materials an den Bug eines Unterseebootes nietete, soll es passiert sein: Ein Arbeiter machte, wie bei Stahl üblich, eine Platte heiß, um sie formbarer zu machen – das Teil sprang, die Nieten lädierend, in eine andere Form um, die Form seiner Geburt: Nitinol war als Metall mit Gedächtnis entdeckt.

▲ *Charles Edouard Guillaume beim Vermessen einer Kopie des „Ur-Meters". Solche Eichstandards aus Invar-Stahl veränderten ihre Länge bei Temperaturänderungen kaum. (Foto: Transglobe Agency/Roger-Viollet)*

▼ *Das Innere eines Tankschiffes, das vollständig mit Invar®-Stahl ausgekleidet wurde. (Foto: IMPHY ALLOYS)*

Später wurden viele andere Metallkombinationen mit dem gleichen Effekt bekannt; Nickel-Titan aber ist, neben Kupfer-Zink-Aluminium, immer noch die wichtigste Legierung. Die NASA entwickelte aus solch einem „Memory-Metall“ ein Drahtgeflecht, das sich im Weltraum zu einer Satellitenschüssel entfaltete; an vielen Universitäten und Firmen wurden kleine Wärmekraftmaschinen entwickelt, in denen sich Nitinol rhythmisch streckt und staucht. Heute ist Nitinol ganz am Boden angekommen, etwa in der Gestalt von Sprinkler-Ventilen, die im Brandfall Wasser lassen. Womöglich werden Memory-Metalle aber auch richtig futuristisch abheben, als metallische Muskeln für Roboter zum Beispiel.

Materie mit zwei Gesichtern

Das Wunderbare an den Nickel-Titan-Legierungen ist damit noch nicht ausgeschöpft, die richtige Mixtur ist auch noch phantastisch elastisch. Eine bleistiftdicke Stange lässt sich biegen wie Hartgummi und kehrt danach in die alte Form zurück. Der Effekt wird unter anderem für hoch strapazierfähige Brillengestelle genutzt, aber auch für Zahnklammern und hochelastische Röhrchen zur Aufweitung verengter Gefäße.

Der Grund für die wunderbare Wandelbarkeit solcher Legierungen: Ihre Atomgitter können zwei verschiedene Formen annehmen. Bei niedrigen Temperaturen eine so genannte martensitische Struktur, die sich durch ein Zickzack-Muster auszeichnet. Bei Erwärmung geht dieses Gitter in eine andere, „austenitische“ Form über. Je nach Temperatur kann das Metall zwischen den beiden Zuständen hin und her springen – Knick, Knack, ähnlich wie ein eingedrückter Schuhcremedosendeckel.

► *Hier ist die „martensitische“ Struktur (hellgrüne Nadeln) einer Verbindung aus Eisen, Nickel und Kupfer gleichzeitig mit der „austenitischen“ Form (dunkelgelbe Flächen) zu sehen. (Foto: E. Hornbogen, Uni Bochum)*

Widerstand ist zwecklos

So beeindruckend die Eigenschaften rein metallischer Verbindungen auch

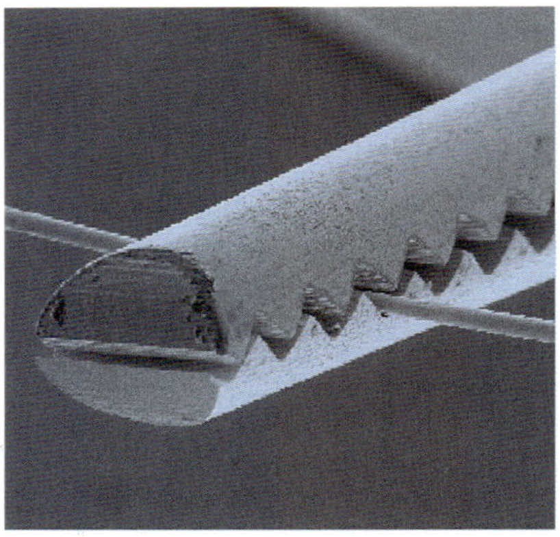

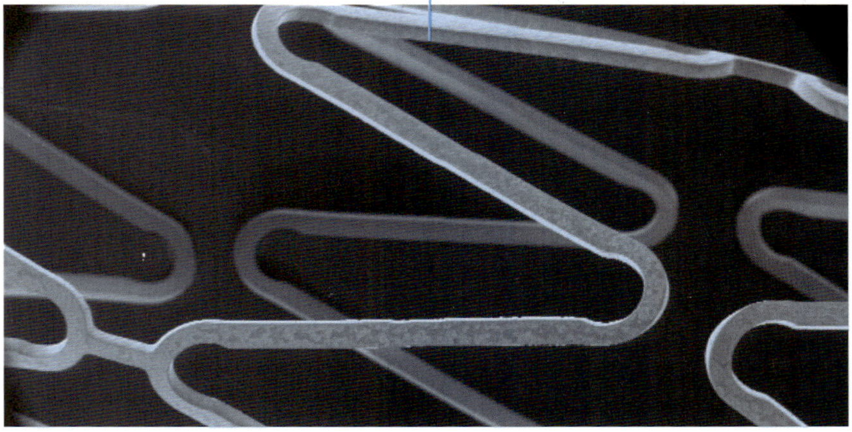

▼► *Nitinol lässt sich vielfältig anwenden: Mikro-Pinzetten aus diesem Material (rechts) üben immer den gleichen Druck aus, egal, wie kräftig man auf die Enden drückt. So lassen sich biologische Objekte (hier ein menschliches Haar) „mit sanfter Hand“ untersuchen. Die gleiche Eigenschaft ist auch nützlich, um Gefäße im menschlichen Körper mit Hilfe kleinster Röhrchen zu erweitern (unten). (Foto: A. E. Guber et al., Zeitschrift F&M 1997)*

sind, erst zusammen mit Nichtmetallen erschließt sich die Beletage des Werkstoff-Universums. Wenn sich gewöhnliches Aluminium mit Sauerstoff verbindet, entsteht die nach Diamant härteste bekannte Substanz, Aluminiumoxid, das – von Spuren anderer Metalle gefärbt – auch als Rubin oder Saphir geschätzt wird.

Eine komplexe Verbindung der Metalle Yttrium, Barium und Kupfer mit Sauerstoff, $YBa_2Cu_3O_7$, hat gar als erster „Hochtemperatur-Supraleiter" Ruhm erwerben können. Dieses Material verliert schon bei der Temperatur von flüssigem Stickstoff seinen elektrischen Widerstand – bei minus 196 °C. Ein für uns eher frostiger Wert, aber geradezu tropisch gegenüber den Temperaturen, unterhalb denen normale Supraleiter den Strom erst verlustfrei leiten: wenige Grade über dem absoluten Temperaturnullpunkt von minus 273 °C.

Was ist bei den Hochtemperatur-Supraleitern anders? Die Regeln der Quantenmechanik gestatten den Elektronen die ungestörte Bewegung in einem Supraleiter nur, wenn sie jeweils zu zweit auftreten, in so genannten Cooper-Paaren. Da sich die gleichsinnig geladenen Elektronen gegenseitig abstoßen, muss eine Kraft zu Hilfe kommen, die das Paar zusammenhält. Bei konventionellen Supraleitern wird diese Kraft von gemeinsamen Schwingungen der Atomkerne bereit gestellt. Deshalb klappt das Ganze auch nur bei extremen Minusgraden – wenn das temperaturbedingte Zittern des Atomgitters diesen Mechanismus nicht mehr stört. Die Hochtemperatur-Supraleiter aber funktionieren offenbar nach einem ganz anderen Mechanismus. Jüngste Experimente legen den Schluss nahe,

▼ *Ein Kabel lässt sich biegen. Eigentlich selbstverständlich – allerdings nicht für die überwiegend spröden Hochtemperatur-Supraleiter. Erst Verbindungen aus Bismut, Strontium, Calcium und Kupfer mit Sauerstoff brachten die ersehnte Geschmeidigkeit. (Foto: Siemens)*

► *Diese speziellen Brennstoffzellen brauchen eine besonders hohe Betriebstemperatur von ca. 800°C, die von einem Heizofen bereitgestellt wird. (Foto: Forschungszentrum Jülich)*

Sanfte Verbrennung

Hast du Geld,
dann hast du nicht Käten;
hast du die Frau,
dann fehl'n dir Moneten –
hast du die Geisha,
dann stört dich der Fächer:
bald fehlt uns der Wein,
bald fehlt uns der Becher ...

Dass einer alles habe, klagte Tucholsky noch, sei selten. Manchmal aber gibt es Entwicklungen, an denen alles stimmt, wie bei den Brennstoffzellen. In Brennstoffzellen vereinen sich Wasserstoff und Sauerstoff zu Wasser, wobei Elektronen vom Wasserstoff zum Sauerstoff übergehen. Aus der Schule ist diese Reaktion als „Knallgasexplosion" bekannt, bei der sich die frei werdende Energie mit einem gewaltigen Rrumms entlädt. In der Brennstoffzelle lässt eine spezielle Membran Sauerstoff und Wasserstoff nur gemächlich miteinander reagieren. Zugleich werden die auszutauschenden Elektronen in einen äußeren Kreislauf gelenkt, wo sie als elektrischer Strom sinnvolle Arbeit verrichten. Und das ganz ohne die für Explosionsmotoren üblichen Begleiterscheinungen wie Lärm und Gestank oder, bei Batterien, schwache Kapazitäten und langwieriges Aufladen. Für den schnell wachsenden Markt der mobilen Kleinverbraucher wie Kameras, Laptops, aber auch Rasenmäher oder Elektrofahrräder darf die Einführung der Brennstoffzelle als gewiss gelten, dann aber ist das Hochskalieren auf die automobilen Bedürfnisse auch nur eine Frage der Zeit. Der große Vorteil von Brennstoffzellen ist nämlich, dass sie im großen wie im kleinen Maßstab ähnlich effizient sind.

▲ „Hochtemperatur"-Supraleiter verlieren bereits bei der Temperatur von flüssigem Stickstoff (-196°C) ihren elektrischen Widerstand. (Foto: Forschungszentrum Jülich)

▲ Supraleitende Schwebebahn. Die Lock wird auf einer bestimmten Höhe gehalten und der darin befindliche Supraleiter mit flüssigem Stickstoff heruntergekühlt. Er „krallt" sich dann am Magnetfeld der magnetischen Schienen fest und die Lock schwebt. (Foto: E. F. Wassermann, Uni Duisburg-Essen)

Dünne Schichten für dicke Festplatten

Während Computerchips alle 18 Monate ihre Rechenleistung verdoppeln, verdoppeln moderne Festplatten ihre Speicherkapazität alle 12 Monate. „Schuld" ist ein Effekt, der am Forschungszentrum Jülich im Rahmen von Grundlagen-Forschungen entdeckt wurde – der „Riesen-Magnetowiderstandseffekt". Dabei ändert sich der elektrische Widerstand eines Pakets von hauchdünnen Metallschichten bei der Anwesenheit schon sehr schwacher magnetischer Felder. Der Grund: die Elektronen tragen nicht nur die elektrische Ladung, sondern besitzen auch elementare magnetische Eigenschaften. Ein magnetisches Feld kann so die Beweglichkeit der Elektronen im Material beeinflussen und damit auch seinen elektrischen Widerstand. Weil die mögliche Dichte der magnetischen Informationen auf einer Festplatte (quasi die „Schriftgröße") von der Empfindlichkeit abhängt, mit der der Lesekopf Änderungen der magnetischen Feldstärke wahrnehmen kann, sollten die mit dem „Riesen-Magnetowiderstandseffekt" ausgestatteten Köpfe bald schon Speicherdichten von 16 Gigabit pro Quadratzentimeter und darüber möglich machen. Das ist ungefähr die hundertfache Speicherdichte einer CD.

dass die Cooperpaare hier von einem beweglichen Muster kleiner Magnetfelder gestützt werden, die im Inneren des Materials entstehen. Wenn das stimmt, sollte die zugrunde liegende Theorie zu Materialien führen können, die bei noch höheren Temperaturen supraleitend werden.

Ein weiterer Effekt der Hochtemperatur-Supraleiter: sie lassen im supraleitenden Zustand ein Magnetfeld gerne in sich eindringen. Dabei wird das magnetische Feld zu kleinen Bündeln geschnürt, so genannten Flussschläuchen, die das Material durchdringen. Da sich der Supraleiter an diesen Schläuchen „festkrallen" kann, lassen sich auf diese Weise reibungsfreie magnetische Lager herstellen. Derzeit wird hierfür wieder der Hochtemperatur-Supraleiter Yttrium-Barium-Kupferoxid ($YBa_2Cu_3O_7$) favorisiert.

Die eiskalten Torhüter

Schließlich sind mit den neuen Supraleitern auch hochempfindliche „SQUIDs" möglich geworden, mit denen man noch Magnetfelder messen kann, die nur ein Milliardstel der Stärke des Erdmagnetfeldes betragen. Die Abkürzung steht für „Superconducting Quantum Interference Device". Die Geräte enthalten einen supraleitenden Ring mit einer dünnen Stelle, einem „Tor", durch das das äußere magnetische Feld in kleinen Portionen („Flussquanten") eingelassen werden kann. Zu Beginn der

▼ *Ein SQUID im Geländeeinsatz. Geoforscher untersuchen mit diesen empfindlichen Geräten feinste Variationen des Erdmagnetfelds. (Foto: Forschungszentrum Jülich)*

► *Eingefrorenes Spiegelbild: Mit ungefährlichen Laserstrahlen ist das Gesicht der jungen Frau abgetastet worden. Ein Computer hat mit diesen Daten dann den Laserstrahl gesteuert, der ihr Konterfei schließlich ins Glas brannte. (Foto: Vitro Laser)*

Kunst im Glas

Wenn Materialien nicht nur intelligent, sondern auch noch schön sein sollen, kann Laserlicht helfen, Verzierungen wie Gravuren einzubrennen. Eine besonders raffinierte Form der Verzierung ist die Innengravur, bei der optisch klare Medien wie Kunststoffe oder Glas mit Laserlicht innen strukturiert werden, ohne dass äußerliche Spuren erkennbar wären. Das gelingt mit einem an der Außenseite des zu verzierenden Körpers nur schwach fokussierten Laserstrahl, der sich im Inneren des Glas- oder Kunststoff-Körpers so weit verdichtet, dass Licht absorbiert wird und das Material verändert. Bei Glas sind es Mikrorisse, die das Licht streuen. Für ein Ensemble von mehreren 10.000 Punkten, die schon eine ordentliche Form ausmachen, brauchen Gravurgeräte eine 3D-CAD-Datei und wenige Minuten.

◄ *Ein SQUID prüft den Zustand einer Flugzeugfelge. Kleinste Risse verraten sich hier durch Mini-Magnetfelder, die an solchen Stellen im Material entstehen. (Foto: Forschungszentrum Jülich)*

Messung drängeln sich viele Quanten vor dem Tor. Ist der „Druck" groß genug, öffnet sich das Tor – aber nur, um genau ein Quant hinein zu lassen. Für kurze Zeit bricht dabei der Suprastrom im Ring zusammen. Das kann man durch elektronische Schaltkreise, die an den Ring gekoppelt werden, feststellen. Dann wiederholt sich der Effekt: Tor auf – Tor zu, bis die Zahl der Quanten draußen und drinnen gleich ist. Durch Zählen der „Türöffnungen" kann so die Stärke des Magnetfeldes bestimmt werden. Eingesetzt werden SQUIDs unter anderem in der Geophysik, in der Materialprüfung und in der Medizin. Dort untersuchen die Ärzte die Magnetfelder, die in Hirn und Herz des Patienten entstehen.

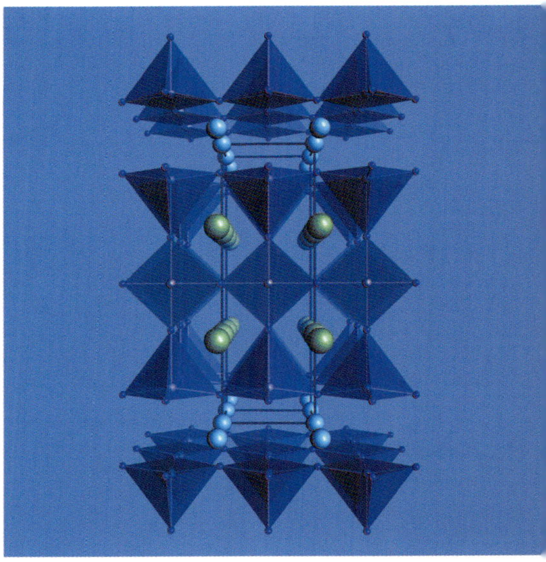

► *Struktur des Hochtemperatur-Supraleiters Yttrium-Barium-Kupferoxid. In den Ebenen, in denen die Kupfer-Atome liegen (blaue Kugeln oben und unten), gleiten die Elektronenpaare bei eisiger Kälte reibungsfrei dahin. (Foto: G. Roth, RWTH Aachen)*

Wissenschaft
der Sinne

◀ *Natur und Technik: Während sich oben ein Kartoffelkäfer-Fühler in die Luft reckt, überwacht unten ein elektronischer Wärmesensor die Gartemperatur einer Artischocke. (Fotos: S. Schütz, Uni Gießen [oben], Siemens [unten])*

Für die Erkundung des Unbekannten standen den Gelehrten lange Zeit nur die natürlichen Sinne zur Verfügung, von denen Aristoteles meinte, es seien fünf: Tasten, Schmecken, Riechen, Hören, Sehen – fünf „Fenster der Seele". Heute zählt man auch die Fähigkeit dazu, feine Temperaturunterschiede erfühlen zu können, außerdem den Gleichgewichtssinn, die kinetischen Sinne, die den Schlagarm eines Tennisspielers feinsteuern und anderes mehr.

Manche Tiere sind darüber hinaus mit elektrischen Sinnen gesegnet, so der Elefantenrüsselfisch, der an seinem Schwanz einen niederfrequenten Sender trägt, dessen Pulsationen er mit dem Kopf empfängt. Der Fisch wertet feinste Störungen des Feldes aus und kann so in völliger Dunkelheit Mückenlarven und mehr aufspüren.

Der lange umstrittene magnetische Sinn etwa von Zugvögeln hat in letzter Zeit wieder die wohlwollende Aufmerksamkeit der Wissenschaftler gefunden: natürliche Ketten von Magnetitkriställchen, die als eine Art Kompassnadel dienen könnten, werden mit Hilfe von SQUIDs bei Tauben, aber auch Bienen und Forellen sicher nachgewiesen.

Aufbruch zu neuen Sinnen

Galileo Galilei (1564-1642) war einer der ersten, der den natürlichen Sinnen des Menschen gezielt unter die Arme griff: er entwickelte Uhren, Mikroskope und Fernrohre. Durch letztere sah er die Krater des Mondes, die Phasen der Venus und die Monde des Jupiter. Die moderne Naturwissenschaft war geboren und fing an, die ganze Größe des sinnlich Erfassbaren auszuloten.

▲ *Galileo Galilei, einer der größten Forscher und Erfinder der Geschichte. (Foto: AKG, Berlin)*

▼ *Tauben, Bienen und Forellen haben eins gemeinsam: alle werden vermutlich durch einen eingebauten „Kompass" zu ihren Jagdgründen geleitet. (Fotos: links & Mitte: The Interia Stock Exchange, rechts: Stenzel-Flyfishing)*

▼ *Der Elefantenrüsselfisch auf der Pirsch. Mit Hilfe eines schwanzseitig erzeugten elektrischen Feldes detektiert er zum Beispiel Mückenlarven. (Foto: G. von der Emde, Uni Bonn)*

▲ *Antennen aus Draht, Strommesser und ein Funkenapparat (unter der Glasglocke) gehörten zur Ausstattung des Experimentiertisches von Heinrich Hertz. (Foto: Deutsches Museum)*

Als Ampère (1775-1836), Faraday (1791-1867) und andere mit Spulen und Eisenspänen die Welt des Elektromagnetismus erkundet hatten, James Clark Maxwell (1831-1879) ein geniales mathematisches Schema dazu ersonnen, Heinrich Hertz (1857-1894) die Gleichungen in eine einsichtige Form gebracht und, darauf gründend, zwischen 1885 und 1889 die elektromagnetischen Wellen entdeckt hatte, kam die Moderne in Fahrt. Im Deutschen Museum in München sind die aus heutiger Sicht sehr einfachen Sachen zu sehen – Spulen, Gitter und Drahtrahmen – die Hertz zur Verfügung hatte. Wer mit einem Handy davor steht, ahnt, dass eine Million Menschenjahre Entwicklungsarbeit zwischen dem Funktelefon und den ausgestellten Gegenständen liegen mögen. Neben den neuen Kommunikationsmöglichkeiten via Radio brachte die Entdeckung der elektromagnetischen Wellen den Wissenschaftlern auch viele neue Sinne.

Ein ganz besonders feiner elektromagnetischer Sinn steckte in dem großen hölzernen Staatswappen – Adler mit

Schnüffeln, riechen, wittern, schmecken

Bei dem Blick auf die „Welt hinter den Dingen“ darf einer nicht fehlen: Peter Lustig. Rund um seinen Bauwagen erforscht er die Phänomene aus Natur, Umwelt und Technik.

Hier ist der *Löwenzahn*-Moderator Gerüchen auf der Spur und fragt sich, wie unsere Nase funktioniert.

Schon *römische Naturforscher* haben sich Gedanken über die Nase gemacht. Sie glaubten, dass Gerüche so ähnlich wie Schlüssel funktionieren: Sobald ein Duft in die Nasenlöcher strömt, schließt er eine Art Schloss auf. Je nach Form des Schlüssels riechen wir den Geruch dann gern oder ungern.

Damit lagen die Römer gar nicht so falsch. Heute wissen wir, dass sich in der Nase eine *Schleimhaut* befindet, in der winzige Härchen wachsen – 300 Mal so viele wie auf dem Kopf. Wenn Duftstoffe zu diesen Härchen gelangen, dann schicken die zugehörigen Zellen dem Gehirn ein Signal: Hallo! Hier riecht's nach Vanille. Oder nach Fisch.

Luft und Duftstoffe gelangen dabei abwechselnd mal durch das linke, mal durch das rechte *Nasenloch* an die Riechhärchen. Biologen vermuten, dass sich das weniger benutzte Nasenloch gerade von Staub und ungesunden Stoffen reinigt.

Geruchs- und Geschmackssinn zählen zu den ältesten Erfindungen der Natur. Sie entstanden in der Urzeit lange vor dem Hören, Tasten oder Sehen. Schon Ur-Bakterien „erschnüffelten“ Futter in ihrer Umgebung. Und wenn Menschen Parfums benutzen, dann versuchen Sie so, urtümliche Triebe und Gefühle zu beeinflussen.

(Foto: ZDF)

Unter den Tieren sind *Schmetterlinge* ganz besondere „Riechprofis“: Die „Antennen-Nase“ eines männlichen Schmetterlings kann den Duft der Weibchen über Kilometer hinweg erkennen.

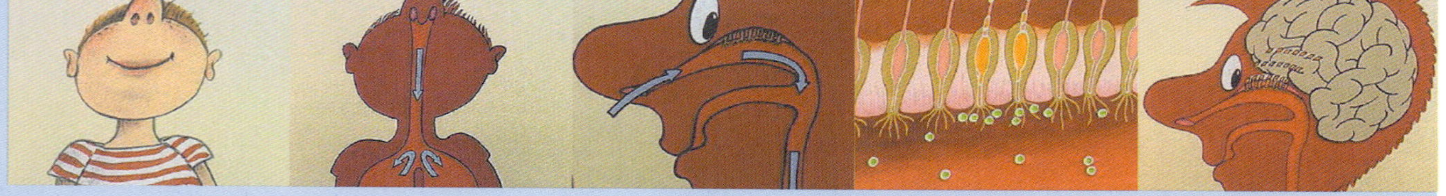

(Fotos: ZDF)

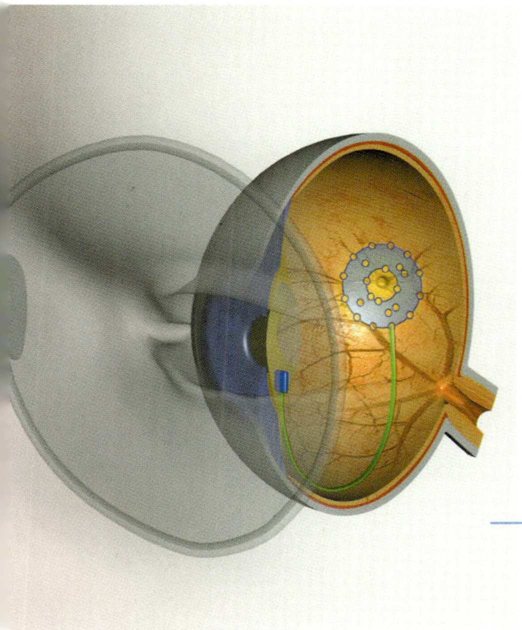

▲ *Das Retina-Implantat. Eine Minikamera in der Brille (hier nicht eingezeichnet) sendet ihre Signale an Elektroden in der Netzhaut des Auges. Diese wird gereizt und leitet die Bildinformationen an das Gehirn weiter. (Foto: Intelligent Implants)*

Pfeilen und Zweig – das die Sowjets in den 1940er Jahren dem damaligen amerikanischen Botschafter Averell Harriman in Moskau zum Geschenk machten. Harriman hängte das Wappen mal hierhin, mal dorthin, mal über seinen Schreibtisch, sehr zur Freude des KGB, denn das Wappen enthielt einen „Mikrowellen-Transponder", der die Gespräche Harrimans nach außen trug. Das Ding war mit den üblichen Mitteln nicht zu entdecken und für die damalige Zeit eine technische Meisterleistung. Der Trick: die Wanze hatte keinen eingebauten Sender, sondern absorbierte von außen eingestrahlte Mikrowellen und setzte sie in eine von den Gesprächen des Botschafters modulierte Frequenz um, die außen dann wieder empfangen werden konnte.

► *Zwei Laserstrahlen laufen in diesen langen Röhren senkrecht aufeinander zu. In der Hütte werden beide miteinander verglichen. Läuft eine Gravitationswelle durch das Gebiet, verändert sie die Strahlen unterschiedlich – und das kann gemessen werden. (Foto: P. Aufmuth, Uni Hannover)*

Für Augen und Ohren

Heutige Transponder sind noch viel raffinierter. Ein auf Übertragungsdistanzen von nur wenigen Zentimetern ausgelegtes System steckt in einer der aufwendigsten Neuroprothesen der Gegenwart: Das „Retina-Implantat" soll Menschen, die wegen einer Netzhautdegeneration erblindet sind, einen rudimentären Sehsinn wiedergeben.

Diese Sehhilfe besteht aus einem Brillengestell, das eine Miniaturkamera trägt. Deren elektrische Signale werden von einem lernfähigen Signalprozessor vorverarbeitet, was sonst von Zellschichten in der Netzhaut geleistet wird. Ein Sender im Brillengestell schickt die vorverarbeiteten Signale an einen im Auge befindlichen Empfänger, der den Platz der Linse eingenommen hat. Der Empfänger speist einen Transponder mit diesen Informationen, die von einem Elektroden-Netzwerk schließlich als Reiz an die hierfür empfänglichen Nervenzellen der Netzhaut weiter gegeben werden.

▼ *Die Empörung war groß: Im Mai 1960 demonstriert der amerikanische Botschafter in der UN-Vollversammlung die Mikrowellen-Wanze der Sowjets. Versteckt war sie in einer hölzernen Nachbildung des US-Staatswappens – überreicht als Geschenk von russischen Schulkindern. (Foto: NSA)*

Neue Wellen für neue Sinne

Albert Einstein war sich nie sicher, ob Gravitationswellen existieren, aber seine Allgemeine Relativitätstheorie sagt sie voraus – lichtschnelle Wellen im Raum-Zeit-Geflecht, die von dramatischen Ereignissen zeugen: kollabierende Sterne; Neutronensterne, die eng umeinander kreisen; superschwere Schwarze Löcher. Neutronensternpaare waren es, die einen indirekten Existenzbeweis brachten: Die allmähliche Verlangsamung ihres Umeinanderkreisens ließ sich mit der Abstrahlung von Gravitationswellen erklären, wofür es 1993 den Nobelpreis gab. Die Wellen hinterlassen nicht eben deutliche Spuren. Selbst wenn ihre Quellen in der Milchstraße oder einer Nachbargalaxis liegen, verändern sie – der Theorie zufolge – einen drei Kilometer langen Maßstab um gerade ein Tausendstel des Durchmessers eines Wasserstoffatomkerns, eines Protons.

▼ *Flug in die Flammen. Der Kiefernprachtkäfer ortet Waldbrände und fliegt geradewegs auf sie zu. Darum ist er auch ganz schwarz: Auf verkohltem Holz ist der Käfer für Feinde kaum zu erkennen. (Foto: H. Schmitz, Uni Bonn [oben], J. G. Goldammer, GFMC/MPI für Chemie [unten])*

Der Feuerkäfer

Wenn Käfer einen Sinn für das Lächerliche hätten, würden sie den Schwarzen Kiefernprachtkäfer wegen seiner Flughaltung aufziehen: Er spreizt im Flug seine mittleren Beine ab. Die Käferkameraden täten ihm Unrecht, Melanophila acuminata nämlich gibt so die Sicht für phantastische Organe an seinen Körperseiten frei, mit denen er Waldbrände orten kann – die Infrarot-Detektoren. Der Käfer verfügt mit seinen Antennen außerdem über einen so empfindlichen Rauchdetektor, dass er sogar die Art der brennenden Bäume erkennen kann, und das über Kilometer hinweg. Diese Fähigkeiten sind für Kiefernprachtkäferwesen überlebenswichtig, denn die Tiere legen ihre Eier auf Hölzer, die durch Brände geschwächt und von Käferparasiten befreit worden sind.

▶ *In Reih' und Glied lässt das Rastertunnelmikroskop (RTM) die Atome antreten. Dabei kann es auch Schwänzer und Fremdlinge ausmachen: Während rechts ein Siliziumatom fehlt, hat sich links ein solches unter die Oberfläche eines Galliumarsenid-Kristalls geschummelt. Beides – Fehlstellen und Verunreinigungen – kann zu Fehlern in elektronischen Bauteilen führen. (Fotos: Forschungszentrum Jülich)*

Wie gut das Retina-Implantat schließlich wird, muss derzeit offen bleiben, einfachere Neuroprothesen haben sich aber bewährt, etwa als Cochlea-Implantat, wo der Hörnerv mit vorverarbeiteten akustischen Signalen über Elektroden gereizt wird. Herzschrittmacher, die mit Sensoren die richtige Schrittfrequenz ermitteln, sind mittlerweile Standard.

Feine Antennen

Mitunter macht es Sinn, für die Entdeckung von Stoffen die in Jahrmillionen Jahren optimierten Chemorezeptoren der belebten Welt anzuzapfen. Hundenasen sind immer noch die besten Schnüffelinstrumente, wenn es um Sprengstoff oder Rauschgift geht, wenngleich technische Spürnasen allmählich aufholen. Ein besonders raffiniertes Gerät für die Entdeckung winziger Mengen von Geruchsstoffen ist der „BioFET“: An einen Feldeffekttransistor, ein besonders empfindliches Schaltelement, werden Sensoren aus der Natur gekoppelt. Kartoffelkäfer etwa geraten in Aufregung, wenn ihre Antennen Spuren von Z-3-hexen-1-ol empfangen, denn dieser von verletzten Pflanzen abgesonderte Stoff ist für Kartoffelkäfer ein Zeichen, dass etwas Fressbares in der Nähe ist. Die Antenne des Käfers lässt sich mit einem BioFET anzapfen; Forschern in Jülich und Gießen ist es so gelungen, Konzentrationen des „Grünblatt-Duftes“ bis in Anteilen eines Milliardstels herunter nachzuweisen. Sensoren solcher Empfindlichkeit könnten aus allen Bewohnern Europas den einen interessierenden herausschnüffeln. Wären die Strukturen der Geruchsrezeptoren der Käfer bekannt, ließe sich wahrscheinlich eine vollsynthetische Nase für gefährdete Felder bauen, nach dem Vorbild des Feuerkäfers auch für Brandherde.

▼ *Die Erde bei Nacht, zusammengesetzt aus vielen verschiedenen Satellitenaufnahmen. (Foto: NASA, Illustration: M. Potocnik)*

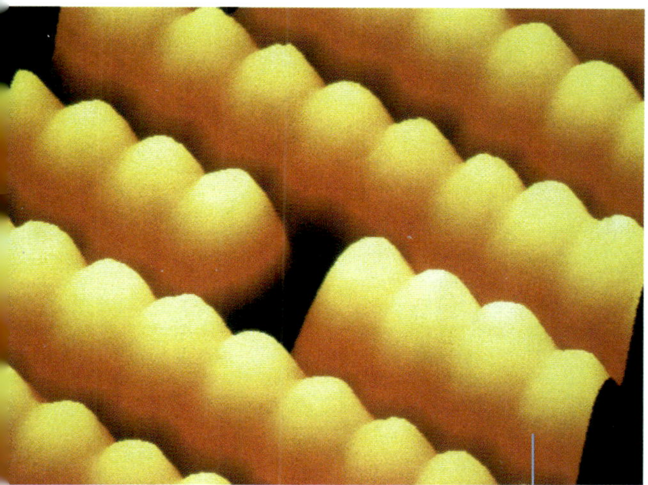

▲ *Schöne Aussicht: Links oben Sher 25, ein sterbender Stern mit Ring, der zwei blaue „Materie-Jets" ausstößt. Rechts daneben ein Haufen junger Sterne, ganz rechts Dunkelwolken mit möglichen protoplanetaren Scheiben. (Foto: NASA)*

Augen für Atome

1981 erschien das erste Mitglied einer heute weitläufigen Mikroskop-Familie, die sich das Prinzip des Abrasterns einer Oberfläche zunutze machen – und die dem Griechen Demokrit, einem der Väter der Lehre von den Atomen, mutmaßlich Tränen der Freude in die Augen getrieben hätten. Beim Rastertunnelmikroskop (RTM) wird eine sehr feine Metallspitze extrem dicht, mit nur einem Atomdurchmesser Abstand, über die Probenoberfläche hin und her geführt. Legt man an beide eine Spannung an, fließt ein kleiner Strom von der Probe zur Spitze, den es eigentlich gar nicht geben dürfte, da zwischen ihnen keine leitende Verbindung besteht. Bei so kleinen Dimensionen aber kommt die Quantenphysik ins Spiel, und die lässt die Elektronen diese Lücke quasi durchtunneln – ein „Tunnelstrom" ist die Folge. Und der hängt extrem empfindlich vom Abstand der Spitze zur untersuchten Oberfläche ab. Durch Messen des Tunnelstroms und gegebenenfalls Nachführen der feinen Spitze kann man so sogar noch einzelne Atome auflösen.

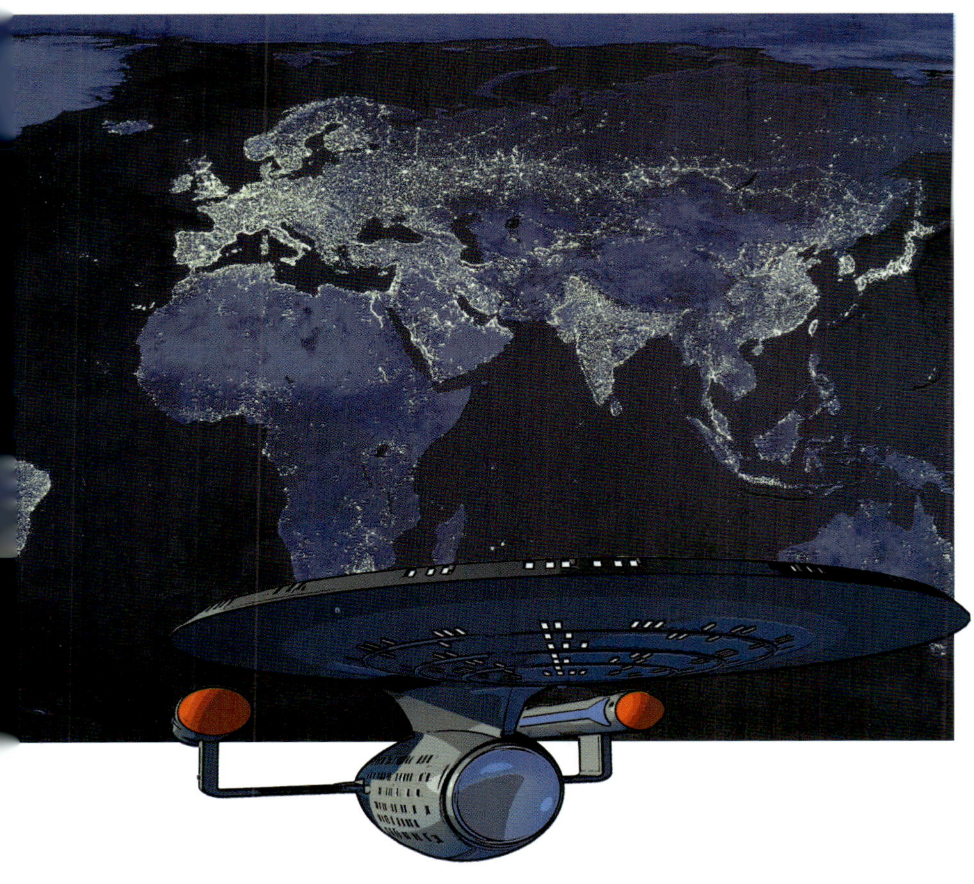

Spock geht ab

Wenn Spock nicht gerade an den Thackeray-Globulen (s. S. 87) herummacht, ist er gerne bei Sher. Nicht der Sängerin, die sich ja auch mit einem C schreibt, Sher 25 ist vielmehr ein sterbender Stern, in der Nähe des Milchstraßennebels NGC 3603, und Spock hält sichere Distanz in einem komfortablen Hotel, auf einem günstig gelegenen Wanderplaneten, mit Pool und so.

Was Spock reizt, ist die unglaubliche Aussicht, er sieht Sterne in allen Lebenslagen: Materie-Jets mit Baumaterial für neue Sonnensysteme, Dunkelwolken als Vorstadium der Sternentstehung, kaulquappenartige Gebilde mit Staubschweifen, mutmaßlich protoplanetare Scheiben.

Ein ständiges Werden und Vergehen, dachte Spock, mit der Zeitperspektive des Vulcaniers. Aber ohne das ganze Spektakel wäre die Materie nicht zustande gekommen, aus der Terra und seine Bewohner bestehen. Doch das war lange her, die Erde freilich war jetzt noch sehr lebhaft – Vulkane, Erdbeben, Klimaschwankungen vor allem... Bei so vielen Ungewissheiten sollten die Terraner zusehen, dass sie ihr bisschen Intelligenz in trockene Tücher kriegen und heil über die nächsten hunderttausend Jahre bringen. Anstatt sich in fruchtlosen Streitereien zu zerreiben.

Spock ist arrogant. Aber Recht hat er.

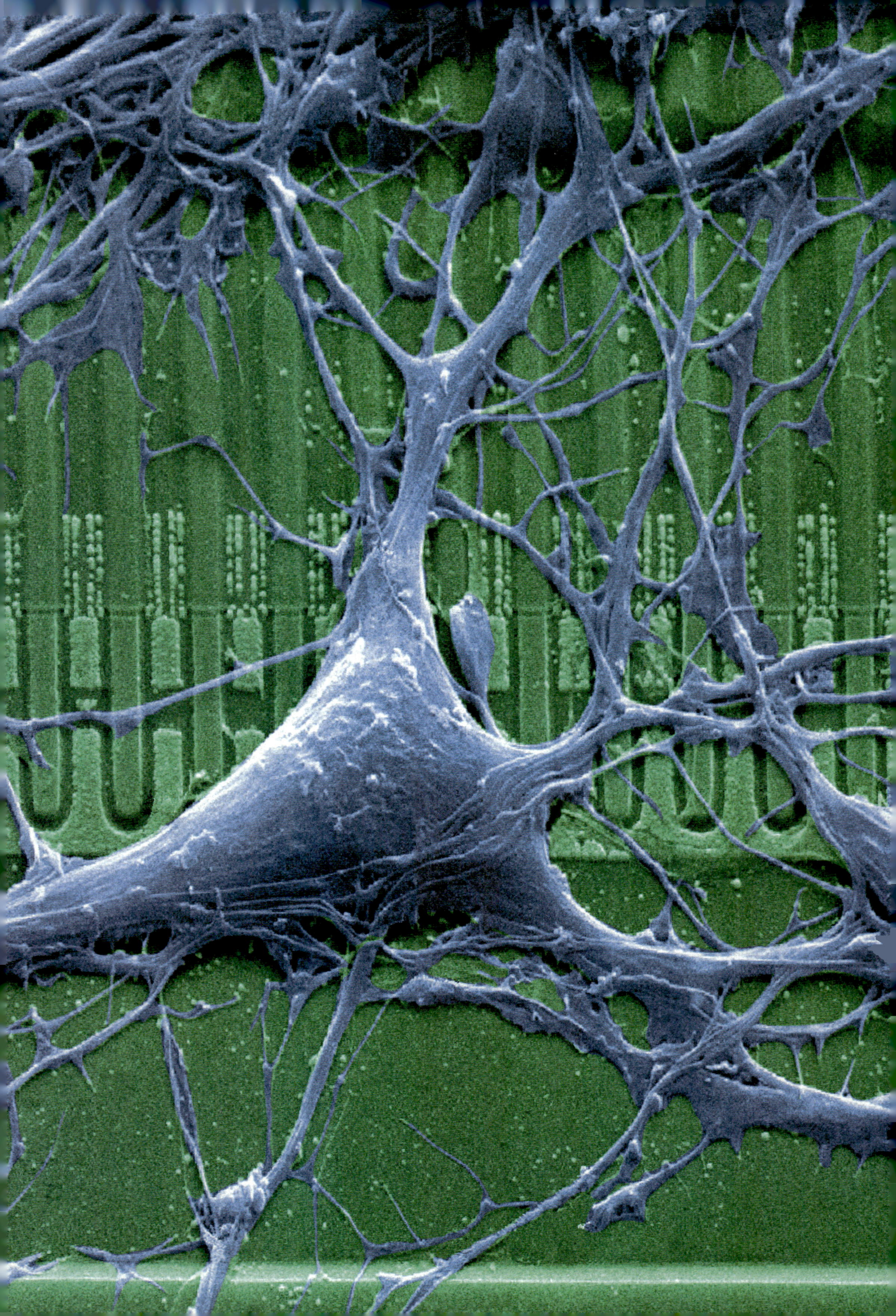